우리가 발견한 것이 아니다.

그들이 찾아오는 것이다.

UFO

우리가 발견한 것이 아니다.
그들이 찾아오는 것이다.
UFO

초판 1쇄 인쇄 2024년 2월 23일
초판 1쇄 발행 2024년 2월 28일

지은이 | 맹성렬
펴낸이 | 김승기
펴낸곳 | ㈜생능출판사 / **주소** | 경기도 파주시 광인사길 143
브랜드 | 생능북스
출판사 등록일 | 2005년 1월 21일 / **신고번호** | 제406-2005-000002호
대표전화 | (031) 955-0761 / **팩스** | (031) 955-0768
홈페이지 | www.booksr.co.kr

책임편집 | 최동진
편집 | 신성민, 이종무
교정·교열 | 안종군
본문·표지 디자인 | 이대범
영업 | 최복락, 김민수, 심수경, 차종필, 송성환, 최태웅, 김민정
마케팅 | 백수정, 명하나

ISBN 979-11-92932-40-8 (03440)
값 16,800원

우 리 가
발 견 한
것 이
아 니 다

그 들 이
찾 아 오 는
것 이 다

UFO

맹성렬 지음

ᴧᴸ 생능북스

추천사

　　현대 물리학의 기반을 마련한 천재 과학자 아인슈타인은 "지식보다 중요한 것은 상상력"이라고 말했다. 우리가 현재까지 알고 있는 것을 제대로 이해하는 지식만큼이나 앞으로 이해해야 할 세계를 새롭게 포용하는 상상력이 인류에게 꼭 필요하다고 생각했기 때문이리라.

　　'표준적인 기준으로 식별할 수 없는 정체불명의 비행체'라고 불리는 UFO 역시 그렇다. 물론 무지에서 출발하는 논증은 뇌가 이해하지 못한 불편한 상태를 벗어나기 위해 마치 숨어 있는 정체를 알아낼 수 있을 것처럼 흥미롭게 이야기를 풀어 나가지만, 보다 중요한 것은 그다음 단계이다.

　　대중의 관심을 우주로 돌리며 상상력을 극대화하려는 이러한 노력은 우주와 접촉하고자 하는 뚜렷한 열의를 지닌 인류라는 종의 위대함 속에서 더욱 빛을 발한다. 이제 우리는 지극히 과학적인 외계 행성 탐사로 눈을 돌려 행성계 탄생의 비밀을 풀어 볼 차례가 아닐까?

궤도(과학커뮤니케이터, 《과학이 필요한 시간》, 《궤도의 과학 허세》의 저자)

UFO라는 용어가 전 세계적으로 알려지게 된 것은 1947년 6월 24일 한 민간인이 접시형 비행 물체를 발견하면서부터이다. 그로부터 76년이 지난 오늘날, 'UFO'가 'UAP'라는 용어로 바뀌게 됐고 세계 최다 UFO의 보고인 미국 정부에 의해 '미확인 비행 물체'가 '미확인 공중 현상'으로 둔갑한다.

어딘지 모르게 석연치 않은 구석으로 내몬 것 같은 발상이 UFO의 미스터리를 해명하는 데 도움이 되기는커녕 더욱 궁지로 몰아넣는 역할을 한 것이 아닌가 생각된다. 미 정부가 UFO에 대한 정보와 진실을 감추려 들수록 후폭풍에 대한 책임론에서 벗어날 수 없다. 이미 UFO의 진실을 알리고 폭로하는 관계자들의 증언이 속출하는 가운데, 거대한 정보 은폐의 댐이 무너져 버릴 시간이 점점 가까워지고 있다. 이제 UFO의 진실은 전 인류가 알아야 할 권리 수준을 뛰어넘어 초미의 관심사로 부상하고 있다.

서종한(한국UFO조사분석센터 소장, 《UFO 콘택트》의 저자)

들어가는 글

1994년 가을, 뉴멕시코 주에 살던 한 일가족이 유타 주의 유인타 분지Uintah Basin에 위치하고 있는 목장을 구입해 이사를 왔다. 그런데 이주한 지 얼마 지나지 않아 이상한 사건을 연속으로 겪게 된다.

이들이 맨 처음 겪은 사건은 괴물의 출현과 관련돼 있다. 늦가을 초저녁, 목장 인근의 숲에서 한가한 시간을 보내던 일가족은 숲속에서 괴물을 목격했다. 처음에는 늑대라고 생각했지만, 몸집이나 생김새 그리고 행동이 늑대와는 전혀 달랐다. 어느 순간 그 괴물이 달아나면서 추격전이 시작됐다. 그곳의 지면은 축축했기 때문에 괴물의 발자국을 따라갈 수 있었다. 그런데 어느 지점에 이르자 그 발자국이 사라져버렸다. 마치 하늘로 솟아오른 것처럼….

겨울이 다가오면서 일가족은 새로운 생활에 적응하느라 늦가을에 일어났던 사건을 까맣게 잊고 있었다. 그러던 어느 날, 이상한 비행체가 목장 주위를 배회하기 시작했다. 그 비행체는 어디선가 순식간에 나타났으며 마치 스텔스기의 축소 모델처럼 보였다. 그것은 낮게 날고 있었는데도 전혀 소음이 나지 않았다. 그런데 단지 소음이 나지 않는 것이 문제가 아니었다. 목장 주인은 그것이 출현할 때마다 소름 끼치는 정적이 감돌고 있다는 사실을 깨달았다.

그 후 목장 인근에는 납작하거나, 길거나, 완벽한 구 형태를 띤 커다란 오렌지 빛이 나타났다. 주로 밤에 나타났던 이런 물체들은 일정한 지점에 머물렀다. 조금 이상하다고 생각했지만, 이 괴비행체들이 직접적인 피해를 입히지는 않았기 때문에 일가족은 그런 것들을 의식하지 않으려고 노력하면서 겨울을 보내고 있었다. 그런데 그들에게 직접적인 피해를 끼친 이상한 일이 발생했다.

1995년 초 눈보라가 치는 날, 목장 주인은 소들이 무리에서 이탈하지 않도록 밤을 새면서 목장 주변을 돌았다. 그런데 다음 날 아침, 눈이 그치고 난 후에 확인해 보니 씨암소 한 마리가 사라지고 없었다. 목장 주인은 곧 무리에서 이탈한 씨암소의 발자국을 찾아냈다. 약 30cm 깊이의 눈 위에 찍혀 있었기 때문에 씨암소의 행방을 찾는 것

은 시간 문제였다. 하지만 그의 기대는 여지없이 무너졌다. 소개지疏開
地의 한가운데쯤에서 씨암소의 발자국이 끊어져 있었기 때문이다. 그
모습은 마치 1994년 가을에 추격하던 괴짐승의 발자국이 끊어져 있
던 것과 같았다. 몸무게 무려 450㎏이나 되는 거구의 암소가 갑자기
사라져버린 것이다.

그런데 이것은 시작에 불과했다. 그 사건이 있고 난 후 석 달 동안
네 마리의 소가 더 사라져버린 것이다. 추운 겨울이 지나 따뜻한 봄이
왔지만, 평소처럼 즐거운 봄맞이를 할 상황이 아니었다. 목장 주인의
스트레스는 극에 달했다.

1995년 4월, 비가 이틀 동안 연이어 내리던 어느 날, 목장 주인은 아
들과 함께 말을 타고 목장의 소들을 돌보고 있었다. 아들은 송아지 한
마리가 얕은 수로에서 빠져 나오려고 발버둥치는 것을 봤다. 그는 돌
보던 다른 송아지들을 가까이 있는 어미 소에게 보내고 다시 돌아와
이 송아지를 구하려고 했다. 그런데 이상하게도 그 송아지는 수로 안
에 쓰러져 꼼짝하지 않고 있었다.

아들은 그 송아지의 상태를 확인하려고 말에서 내려 수로로 내려갔
다. 그리고 그곳에서 매우 놀라운 광경을 목격했다. 송아지의 몸 뒷부
분이 뭔가로 도려 낸 듯이 사라져버린 것이었다. 깜짝 놀란 아들은 아

버지를 불러 이 현장을 확인하도록 했다. 송아지의 엉덩이 쪽에 지름 15cm의 둥근 구멍이 나 있고 뭔가로 내부를 쭉 빨아 낸 듯한 상처가 있었다. 하지만 이런 상황에서도 피는 전혀 외부로 흘러나오지 않았고 수로에 흐르는 물에도 핏물은 전혀 보이지 않았다. 잠시 자리를 비운 20여 분 동안 도대체 무슨 일이 있었던 것일까?

이런 일련의 사건들이 일어나는 동안에도 밤하늘에 밝은 광구光球들이 돌아다니는 일은 계속 일어나고 있었다. 목장 주인과 그의 가족들은 소들의 실종과 죽음 문제에 열중하느라 이런 광구들에는 큰 신경을 쓰지 않았다. 이 광구들이 최근 자신들이 겪고 있는 불행과 관련이 있다고는 전혀 생각하지 못하고 있었던 것이다. 하지만 이들은 얼마 지나지 않아 이것들이 서로 연관된 것일 수 있다는 사실을 깨닫기 시작했다.

1996년 봄의 어느 날 저녁, 목장 주인과 그의 부인은 서쪽 하늘을 바라보고 있었다. 아직 어둠이 짙게 깔리기 전, 그들의 시야에 소들과 말들이 한가로이 거닐고 있는 것이 보였다. 그런데 남쪽에서 밝은 파란색 빛을 띤 구체가 그들을 향해 날아오는 것이 보였다. 그 빛은 말들이 있는 쪽으로 다가가 잠시 멈췄다가 부부를 향해 엄청난 속도로 날아오기 시작했다. 그리고 그들의 5~6m 앞에서 멈췄다. 지상으로부터의 높이는 4~5m쯤 됐다. 크기는 농구공 두세 배 정도였고 마치 질량이 없는 듯이 공중에 가만히 떠 있었다. 구체의 안쪽에는 푸른색 빛이 요동치고 있었고 전기가 방전될 때 나는 것과 같은 작은 소리가 들렸다. 목장 주인과 그의 아내는 머리카락이 곤두서는 듯한 공포를 느꼈다. 그 구체가 멀어지자 그들에게 엄습했던 공포감은 마치 스위치가 꺼지듯이 순식간에 사라졌다.

앞에서 소개한 여러 사건 중 소의 뒷부분이 절단된 채 발견된 사건은 이미 1960년대부터 북미 중서부 지역에서 일어나고 있었다. '가축 도살 사건'이라 불리는 이 사건은 초기에 '집단 히스테리'나 '과장된 보도' 등으로 평가절하됐지만, 실제로 피해를 입은 많은 목장 주인이 주 정부의 지나치게 무마하려는 태도나 소문이 나지 않게 쉬쉬하는 정책에 분개하면서 그 불똥이 중앙 정부까지 튀게 됐다.

특히 1975년에 콜로라도 주에서만 200여 건의 가축 도살 사건이 발생했으며 콜로라도 주의 AP 통신은 이 사건을 그해 콜로라도의 최대 이슈로 선정하기도 했다. 사태가 이처럼 심각해지자, 당시 콜로라도 주의 상원 의원이었던 플로이드 해스켈Floyd Haskell은 중앙 정부에 FBI의 개입을 요청했다.

가축 도살 현장에는 특이한 점이 있었다. 가축의 귀, 눈, 젖, 항문, 성기 및 혀는 날카롭고 정교한 도구로 깔끔하게 제거됐고 사체에는 피가 한 방울도 남아 있지 않았다. 근처에서는 흔적이나 발자국이 발견되지 않았고 사체를 먹는 짐승들도 얼씬하지 않았다. 비록 이 문제가 1970년대에 표면화되기는 했지만, 이런 현상은 이 지역에서 이미 17세기부터 존재해 왔다는 사실이 인디언들의 전설을 통해 알려졌다.

가축 도살 사건은 현재 진행형이기도 하다. 2019년 10월, 오리건 주 동부에 위치하고 있는 한 목장에서 무게가 900kg이나 되는 암소가 도살된 채 발견됐다. 이 소에서 또한 단 한 방울의 피도 발견되지 않았다. 목장 주인은 이 사건에 대한 정보를 제공하거나 문제를 해결하는 데 2만 5,000달러의 현상금을 내걸었다.

유타 주 북동부에 위치하고 있는 유인타 분지는 최근 유정이 발견되기 전까지 한적한 목장 지대였다. 그런데 원래부터 그곳은 UFO가 자주 목격된다고 정평이 나 있었다. 1950년대부터 UFO를 목격했다는 신고가 수천 건에 이를 정도로 미국에서 대표적인 UFO 핫스폿으로 꼽힌다. 이곳 주민들 중 절반이 넘는 이들이 UFO를 목격했다는 통계 자료가 있을 정도이다.

유타대학의 식물 과학과 교수 프랭크 샐리즈베리Frank Salisbury는 이런 현상에 관심을 갖고 조사를 하는 사람 중 하나였다. 그는 1974년 이곳의 UFO 목격 사례를 담은 《유타 UFO 출현The Utah UFO Display》이라는 책을 저술하기도 했다.

이 책에 따르면, 이 지역에 UFO가 출현하기 시작한 것은 18세기로 거슬러 올라간다. 한 신부가 이곳을 지나다 야영을 하게 됐는데, 이상한 광구가 그의 야영장 위로 날아와 머물렀다는 것이다.

그런데 이곳도 다른 지역과 마찬가지로 1960년대부터 가축 도살 사건들이 보고되기 시작했다. 그리고 오늘날에도 여전히 그런 사건들이 일어나 현상금이 걸리지만, 누가 이런 일을 저지르는지는 전혀 알 길이 없다. 일부 사람들은 UFO 출현과 가축 도살 사건을 연관 짓는다. 하지만 이 두 가지 사건이 깊숙이 관련돼 있다는 결정적인 단서는 아직 없다.

차례

chapter: 01

UFO
신드롬

"엄마, 봐, 해가 내려왔어."

– 영화 〈3종 근접 조우 Close Encounter of the Third Kind〉(스티븐 스필버그 감독) 중에서

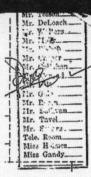

"점점 태양의 모양은 바뀌어 마치 축을 중심으로 급히 돌면서 모든 방향으로 빛을 발산하는 신비로운 원반 같이 변했다. …(중략)… 태양은 계속 2~3분 동안 돌면서 여러 빛깔의 광선을 비췄다. …(중략)… 서서히 하강하더니 갑자기 땅을 향해 지그재그 모양으로 떨어지기 시작했다. 사람들은 혼비백산했다. …(중략)… 사람들은 공포에 질려 타는 듯한 열을 뿜으며 땅으로 떨어지는 태양을 바라봤다. 그것은 땅에 가까워질수록 더 크고 뜨거워졌다. 그들에게 이것은 세상의 종말이었다. 모든 사람은 이 세차게 다가오고 있는 덩어리에 부딪혀 깨지거나 타버릴 것이라고 생각했다."

– 요셉 펠레티에, '파티마의 춤추는 태양', 〈가톨릭 다이제스트〉 1989년 5월호

왜 UFO 연구를
시작했나?

2021년 3월 초, 〈유 퀴즈 온 더 블럭〉이라는 텔레비전 프로그램에서 출연 섭외가 들어왔다. 35년 동안 수행한 UFO 연구가 드디어 결실(?)을 맺는 순간이었다. 내가 촬영한 방영분의 콘셉트는 '시대를 잘못 타고 났다'였다.[1] 내가 시대를 앞서가는 연구를 하고 있어 뭔가 안타깝다는 뉘앙스였다. 여기에는 아직 지구를 방문하는 외계인의 정체가 밝혀지려면 앞으로 시간이 한참 더 필요하다는 전제가 깔려 있었다.

내가 시대를 앞서간 것은 맞지만, 적어도 '외계인'과는 무관하다. 나의 UFO 관련 연구는 종교의 기원에 대한 의문에서 시작됐다.

---

[1] 국내 UFO 관련 최고 전문가 맹성렬 교수님의 흥미로운 UFO 이야기, '전 미국 대통령이 UFO 접촉자였다고?'(https://www.youtube.com/watch?v=DjRH-0J25dw&t=380s)

나는 대학교 4학년 때 '물리학자의 길을 갈 것인가, 남들과는 다른 길을 걸을 것인가?' 하는 문제로 방황하고 있었다. 어렸을 때부터 막연히 과학자가 되고 싶다는 생각을 했고 그중에서도 물리학자를 가장 동경했다. 하지만 학부 4년을 거치면서 종교 문제에 관심을 갖게 됐다. 이때 김용준 교수가 개설한 〈과학과 종교〉라는 교양 과목이 눈에 띄었다. 김용준은 고려대학교 화공과 교수로, 도올 김용옥의 친형이다. 사실 이 강의를 듣기 전까지 그런 사실을 몰랐다. 어쨌든 당시 김 교수는 서울대에서 교양 과목을 강의했다.

나는 이 강의를 들으면서 과학과 종교 문제에 천착했고 이 분야를 계속 공부해 보고 싶다는 생각을 하게 됐다. 그러던 중 스위스 심리분석학자 칼 융이 쓴 《비행접시》라는 책을 접하게 됐다. 그는 고대의 구약 성경에 나타나는 천상의 '히에로파니'와 오늘날 우리 앞에 나타나는 UFO가 동일한 현상이라는 시각을 제시하면서 이를 인류의 집단 무의식과 연결시켰다. 그가 제기한 화두는 종교 발생과 UFO 현상을 동일한 시각으로 보자는 것인데, 매우 흥미로운 가설이긴 하지만 그것을 심리학적인 문제로만 볼 수 없다는 것이 당시 내 관점이었다. 나는 이런 생각을 〈과학과 종교〉의 기말 시험 대체 리포트로 제출했다. 좋은 학점을 받지는 못했지만 그 후 나는 이 리포트를 바탕으로 《UFO 신드롬》이라는 책을 썼다.

UFO 신드롬의 저술

《UFO 신드롬》은 원래 종교의 발생을 파헤치는 내용이 담긴 책이었다. UFO와 관련해 권위 있는 저자들이 쓴 책이나 원고에서 UFO 현상과 종교 문제를 다뤘다는 사실을 나중에 확인하게 됐고 이들의 이론을 참고해 새로운 종교 탄생 가설을 만들어 봤다. 하지만 출판사의 편집 과정에서 UFO 사례를 많이 추가해 전면에 배치하면서 학술서의 느낌이 사라지고 대중서로 재탄생하게 됐다.

대체로 학자들은 고대 인류가 자연 현상에 대한 몰이해와 심리학·사회학적 동기에 따라 우리에게 익숙한 고등 종교가 만들어졌다고 본다. 이런 이론의 바탕에는 고대인들의 과학적 토대가 낮은 수준이었다는 전제가 깔려 있다.

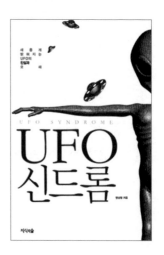

저자(맹성렬)가 저술한 《UFO 신드롬》의 표지

하지만 만일 우리가 맞닥뜨린 UFO 현상이 고대에 체험했던 것과 동일한 기원을 갖는다면 이런 가설은 더 이상 성립할 수 없다. 첨단 과학 시대에 살고 있는 우리들조차 이해할 수 없는 현상이기 때문이다. 이런 가설은 우리의 종교관에 새로운 지평을 열어 준다. 나는 당시 UFO 연구야말로 인류 최대 미스터리 중 하나인 종교 발생에 대한 단서를 찾는 것일 수 있다고 확신했다.

졸업 후 회사 생활을 하면서 이런 나의 신조를 확인할 수 있는 증거 자료들을 모으는 작업을 시작했다. 특례 보충역 복무를 하는 5년여의 기간 동안 이런 작업은 순조롭게 진행됐고 영국 유학을 가기 한 달 전, 드디어 《UFO 신드롬》이 발간됐다.

나는 이 책에서 "UFO 현상이 분명히 물리적 실체가 있긴 하지만 다른 한편으로는 심리적인 측면도 강하게 내재돼 있어 실체성과 상징성을 구분하기 어렵다"라고 지적했다. 이 현상은 물질적인 것과 정신적인 것의 경계에 있는 것으로, 이 둘을 완전히 분리해서 보려는 현재의 패러다임으로는 설명할 수 없다고 판단했다. 더 나아가 UFO 증후군이 인류의 민속 신앙 발생이나 종교 기원과 밀접한 관련이 있고 이런 측면에서 성모마리아 출현 등과 같은 종교 체험과 UFO 접촉 및 피랍 체험을 같은 메커니즘으로 볼 수 있다고 했다.[2]

---

2 UFO 심층 분석, 'UFO 신드롬' 나와. 매일신문(1995. 10. 03.)(https://news.imaeil.com/page/view/1995100308131838676), 김동광. 1997. [출판시평] UFO 신드롬에 편승한 출판상업주의. 출판저널. 제211호. p.10.(https://koreascience.kr/article/JAKO199744948103075.pdf)

종교 발생에 대한 가설들

'종교 현상은 왜 생기고 어떻게 발전하는가?'라는 문제는 지난 1세기에 걸쳐 인류학자와 종교학자들 사이에서 논란이 돼 왔다. 19세기 초 학자들은 "세계 여러 종교의 가장 위대한 상징들은 해, 달, 폭풍 등과 같은 자연 현상들의 인격화"라고 주장했다. 그 후 종교가 애니미즘에서 비롯됐다는 에드워드 타일러Edward Tayler의 주장과 종교가 원시 문화의 특징적인 주술로부터 비롯됐다는 제임스 프레이저James Frazer의 가설이 각광받았으며 이와 같은 주지주의적인 종교 기원 가설에 반발해 로버트 마레트Robert Marett와 루돌프 오토Rudolf Otto 등이 주축이 된 정서적 기원론이 성행하기도 했다.

이들 정서주의론자들은 "종교 감각이 체험자의 심성 상태, 특히 초자연적인 것과 대면했을 때의 공포나 외경 등으로 구성되는 종교적 감각 내지 본능 같은 것에 의해 발휘되고 결코 정령 개념이 곧 종교적인 감각의 시발이 아니라 비일상적인 물체나 천둥과 같은 놀라운 자연 현상에서 느껴지는 비인간적인 힘이나 세력에 대한 외경심과 함께 알 수 없는 매력의 양면 가치가 종교심을 유발한다"라고 말하고 있다. 나는 이와 같은 메커니즘이 UFO 체험자들에게서도 공통적으로 나타난다는 사실에 주목했다. 이것이 바로 내가 UFO 현상을 종교적인 관점에서 바라보게 된 계기이다.

야훼 신앙의
특성

유대교와 기독교의 뿌리이자 이슬람교의 사상적 지주가 되고 있는 구약의 야훼 숭배 신앙은 인류 사상에 영향을 끼친 종교 현상 연구의 중요한 테마이다. 이처럼 독특한 위치를 차지하게 된 것은 그 현상이 보여 주는 역동성에 기인한다.

마르체아 엘리아데Mircea Eliade는 야훼 현현을 '천공적, 기상적 히에로파니Hierophany'라고 규정하면서 "이러한 신 현현이 후세의 계시를 가능하게 하는 종교 경험의 중심을 이루고 있다"라고 말한다. 그는 이러한 대표적인 기상과 하늘의 에피파니로서 시나이산의 모세 앞에 나타난 뇌성과 짙은 구름, 엘리아의 번제 위에 내린 야훼의 불, 셈족의 이집트 탈출 때 동행한 불기둥, 구름 기둥 등을 예로 들고 있다.[3]

야훼는 하늘 높은 곳에서 많은 사람의 눈에 불과 빛의 형상으로 나타났다. 이런 장관은 체험자들의 뇌리에서 오랫동안 지워지지 않았을 것이고 결국 오늘날 고등 종교로 발전하는 밑거름이 됐을 것이다. 오토 또한 이 점에 전적으로 동감한다. 그는 비합리적이고 누미노스numinous한 것에 대한 감정이 모든 종교에 일반적으로 살아 있지만, 이는 셈족의 종교, 특히 성서적 종교에 더욱 전형적으로 나타난다고 주장한다.[4]

---

3   마르세아 엘리아데 저. 이은봉 역. 1985. 《종교 형태론》. 형설출판사, pp. 20~21.

4   Otto, Rudolf. 1987. p. 92.

구약의 신 현현에서 우리는 다음과 같은 세 가지의 순차적인 메커니즘을 발견할 수 있다.

첫째, 구약에서의 종교 체험은 하늘에 나타나는 불과 빛을 동반한 신 현현에서 시작된다. 이런 에피파니Epiphany들은 많은 사람 앞에 구형, 원통형과 같은 기하 입체 형태로 나타난다.

둘째, 임재한 신을 직접 접촉하도록 선택받은 소수의 인물이 존재하고 이들의 접촉은 매우 은밀히 이뤄진다. 신과의 조우는 양면 가치적인 체험으로, 마치 벼랑 끝에 선 것과 같은 극도의 공포와 함께 이상한 매력을 느끼게 된다. 그 조우로 인해 이들은 가치관에 많은 변화를 겪게 되고 새로운 인생을 살게 된다.

셋째, 신과 조우하는 선택을 받은 자는 예언자의 역할을 하게 되고 이들은 인류의 종말과 구원을 널리 알리는 소명을 받게 된다. 또한 이들은 종종 초기에는 고난과 박해를 받지만, 점차 이들 주위에 추종하는 세력이 형성되고 숭배교 형태로 발전하게 된다.

융 학파가 동일시하는 야훼 현현과 UFO 현상

칼 융은 그의 저서 《만달라 원형Mandala Symbolism》에서 총체성을 상징하는 원의 원형이 다니엘과 에녹 그리고 에스겔의 환상에 나타나 보인다고 말하고 있다.[5] 그에 따르면, 이와 같은 원형들이 야훼 숭배를 이끄는 원동력이 됐다는 것이다. 이처럼 불과 빛을 동반한 둥근 물체들이 하늘에 나타나는 것이 구약 예언자들이 신과 대면하는 대표적인 사례이며, 야훼 숭배의 중요한 초기 모티브를 제공하고 있다.

칼 융은 선지자 엘리야나 에스겔의 체험에 등장하는 불과 빛의 원형들을 오늘날에 목격되는 UFO들과 동일선상에서 바라봤다.[6] 영국 성공회 목사이자 융 학파이기도 한 존 샌포드John A. Sanford는 그의 저서 《꿈: 하나님의 잊힌 언어Dreams: God's Forgotten Language》에서 "에스겔의 체험은 오늘날 비행접시의 체험과 동일한 것처럼 보인다"라고 말하면서 특히 "4개의 바퀴가 마치 전광석화처럼 빠르게 직선 운동하는 것은 '오늘날 비행접시의 환상은 종교적인 의미를 갖는 무의식으로부터의 자발적인 투사일 수 있다'라는 융의 이론을 뒷받침해 주고 있다"라고 주장한다.[7]

5   Jung, C. G. 1973, p. 4.

6   Jung, C. G. 1987, pp. 21~23.

7   Sanford, John, A. 1989, pp. 85~86.

야훼 신앙과
UFO 신드롬

에스겔의 체험과 오늘날의 UFO 체험 사이에 무시할 수 없는 유사성이 존재한다는 사실은 명백해 보인다. 누미노스 체험의 본질은 '양면 가치'이다. 타자와의 조우 시, 한편으로는 매력, 다른 한편으로는 공포를 느끼는 체험인 것이다. 나는 UFO 현상을 근접 체험한 이들에 대한 사례들을 《UFO 신드롬》에서 접촉자와 피랍자 체험으로 나누고 이때 나타나는 양면 가치적 종교 체험 사례들을 소개했다. 그리고 융, 샌포드와 동일한 관점을 그대로 취하지 않더라도 UFO 신드롬이 고대 셈족이 체험했던 신 현현과 본질적으로 동일할 수 있다는 것을 보여 줬다.[8]

오토는 그의 저서 《성스러운 것》에서 "에스겔서의 몇 가지 대목이 보여 주는 기이성의 요소에 따라 우리의 환상을 자극시키는 힘을 나타낸다"라고 지적하면서 "이 충동이 이상한 것, 놀라운 것, 기적적이고 환상적인 것에 대한 집착과 섞이면서 이적과 전설에 대한 신비주의로 그릇되게 발전한다"라고 말하고 있다.[9] 이와 같은 분석은 오늘날의 UFO 현상이 현대 문명에서 사회 심리학적으로 파장을 드리우며 신드롬을 일으키는 양상에도 고스란히 적용할 수 있을 것이다.

---

8 맹성렬. 2011, pp. 355~398.

9 Otto, Rudolf, 1987, p. 97.

파티마의 태양 기적을 바라보는 군중들에 관한 1917년 10월 29일자
〈Ilustração Portuguesa〉의 기사
(https://en.wikipedia.org/wiki/Miracle_of_the_Sun)

성모 마리아 현현과
UFO 신드롬

사람들이 하늘에서 나타나는 이상한 형상과 존재들을 맞닥뜨리는 체험은 고대에만 국한된 것은 아니다. 이러한 체험은 서구권에서 그 시대상에 맞춰 적절히 해석돼 왔다. 그리고 이런 현상은 중세 서구에서 성모 마리아 현현과 결부됐다. 1858년 프랑스 루르드의 한 동굴에서 세 소녀 앞에 나타난 신비한 존재는 신학자들의 격론 끝에 교황청에서 성모로 인정받았다.[10]

1916~1917년 사이 포르투갈 파티마의 세 양치기들은 빛 덩어리와 함께 나타나는 남녀의 존재들을 목격했다. 2년에 걸친 이런 조우를 통해 이 아이들은 예언자가 됐다. 루르드의 경우, 하늘에서의 에피파니 체험은 주로 세 아이들에게 국한됐지만, 파티마의 시례에서 대중이 운집한 가운데 은빛 원반이 나타나 많은 사람을 혼비백산하게 하는 소동이 벌어졌다.[11] 이 사례도 교황청에 의해 성모 현현으로 인정받았다.[12]

물론 모든 천상 존재와의 조우가 성모와의 조우로 인정받지는 못한다. 15세기에 침략한 영국군에 대항하는 프랑스군의 선봉에 서서 프

---

10 Harris, Ruth. 1999. Lourdes: Body and Spirit in the Secular Age, Penguin Books, p. 365.

11 요셉 펠레티에. 1989., Fernandes, Joaquim. 1983.

12 Lundberg, Magnus. 2017, p. 31.

랑스군의 승리를 이끌었던 잔 다르크는 그가 하늘에서 나타난 존재로부터 소명을 받고 전쟁터로 나왔다고 주장했지만, 결국 마녀로 몰려 화형당했다.[13]

찰스 호이트Charles A. Hoyt는 그의 저서 《주술Witchcraft》에서 "과거에는 하늘에서 성모와 성자를 봤지만, 오늘날의 사람들은 비행접시를 보고 있다"라고 지적하며 "이는 '현실'이 그 시대의 사고 수준대로 규정되고 있다는 것을 나타낸다"라고 말한다.[14]

성모 현현과 UFO 신드롬의 가장 큰 공통점은 칼 융이 명명했듯이 '환시적 소문Visionary Rumor'이다. 칼 융은 《비행접시들》에서 오늘날의 UFO 목격을 파티마에서의 집단적 환영과 매우 비슷하다고 지적했다.[15] 자크 발레는 과달루페와 루르드, 파티마 등지에서의 성모 현시 사례들과 그가 《마고니아로의 여행권》이라는 책에 기록한 UFO 사례들의 여러 가지 공통점을 지적했다.[16]

나는 성모 현현과 UFO 신드롬에서 자크 발레가 지적하는 것보다 구체적인 유사성이 존재한다고 말하고 싶다. 이러한 특성은 최근접 체험에서 두드러지게 나타난다. UFO 피랍 체험의 경우, 납치자의 초기 출현은 성모 발현의 메커니즘을 그대로 따른다.

---

13 Murray, Magaret A. 1970. p. 50.

14 Hoyt, Charles Alva. 1989. p. 4.

15 Jung, C. G. 1987. p. 2.

16 Vallee, Jacques. 1988. pp. 216~218.

UFO 피랍의 전형적인 모습은 다음과 같다.

"한 여인이 잠자리에 들려고 하다가 방에 나타난 빛나는 불빛 때문에 일어난다. 그 불빛은 광구 형태로 닫힌 창문이나 벽을 통해 스며들고 점점 커지면서 휴머노이드 형태가 된다. 그녀는 겁에 질려 도망치고 싶지만 꼼짝달싹할 수 없다. 소리를 지를 수도 없다. 극도의 공포가 엄습하지만 그 존재가 눈을 뚫어지게 쳐다보자 편안함을 느낀다."

한편 성모 마리아의 발현 모습은 다음과 같다.

"아이들이 이상한 빛을 본다. 그것은 불의 구체 또는 빛나는 구체이다. 이런 구체는 차츰 형태를 띠기 시작하고 아름다운 남자나 여인의 형태로 변화한다. 맨 처음 이런 존재를 목격한 아이들은 겁에 질리지만, 곧 그 존재로부터 행복감을 느낀다."[17]

이처럼 UFO 피랍 초기와 성모 마리아 또는 성자 발현 초기의 양상은 매우 비슷한 측면을 공유한다. 이들은 우리가 보고 싶어 하는 것을 보여 준다. 이런 보여 주기 게임에서 그 내용물에는 사회적·종교적 전통의 배경이 투사돼 나타난다. 마리아 숭배가 왕성한 가톨릭 신앙이 지배적인 유럽 지역에서는 그 내용물이 마리아나 천사의 형상을 띠며 과학 만능 주의의 북미 대륙과 그 영향력 아래에 있는 서구 지역에서는 첨단 과학 우주선과 외계인의 형태로 나타나는 것이다.

---

17 맹성렬. 2011, pp. 389~390.

기계 문명의 천사

종교학자 로버트 엘우드[Robert Ellwood]와 해리 파틴[Harry Patin]은 성모 접촉자들과 UFO 접촉자들 사이에는 커다란 유사성이 존재한다고 주장한다. 목동들, 어린 소녀들과 같은 평범한 이들이 성모를 만나 인류 멸망에 대한 예언을 듣는다. 이런 무시무시한 메시지는 교회 간부들에게 전해지도록 돼 있으며 여기에는 지도층이 회개하고 행실을 바르게 하면 재난이 일어나지 않을 수 있다는 단서 조항이 붙는다.

성모와 통교한다는 그들의 주장을 지지하는 증거가 사실상 거의 전무하기 때문에 그들은 처음에 비난의 대상이 돼 버린다. 하지만 그들의 확신에 찬 메시지와 그들이 보여 주는 신비 체험의 강렬함이 결국 순례 행렬을 만들어 내고 이렇게 대중적인 인정을 받은 후 그들의 주장이 교회로부터 승인받게 된다.

UFO 접촉자들의 이야기도 약간의 변형은 있지만, 대체로 이와 같은 공식을 따른다.

평범한 이들이 어느 날 다른 행성에서 온 존재들과 교유한다. 외계인들은 접촉자를 특별히 선택했다고 하면서 텔레파시 등으로 교신하고 이해하기 힘든 우주 철학을 알려 준다. 그리고 이들은 인류가 만들어 낸 불평등, 전쟁, 핵무기 등으로 지구상에 곧 무시무시한 재앙이 발생할 것이라는 예언을 한다.

접촉자들은 선택받은 메신저로 사명을 부여받는다. 이 임무는 매우 중요한데, 만일 제대로 수행하면 인류는 파국적인 재난에서 벗어나 평화와 풍요를 누릴 수 있기 때문이다. 접촉자들은 그가 받은 메시지를 널리 알리기 위해 캠페인을 벌이고 강연회를 개최하며 책을 저술한다. 그들은 외계인을 만났다는 증거가 거의 없기 때문에 온갖 비난과 조롱에 직면하게 되지만, 이에 아랑곳하지 않고 그들의 임무를 수행하려 한다. 그리고 몇몇은 그들을 믿고 따르는 무시 못할 규모의 숭배 집단을 형성하는 데 성공한다.

그런데 엘우드와 파틴은 "현재의 UFO 종교에 나타나는 전통적인 요소와 새로운 상징들이 보여 주는 모순적 구조를 간과해서는 안 된다"라고 주장하면서 "이것이 바로 칼 융이 말하는 '기계 문명의 천사'로 요약된다"라고 말한다.

그는 "아무리 미래지향적인 종교라고 하더라도 그것은 항상 의사疑似 정령적 존재와의 접촉하에 이뤄진다"라고 말한다. 하지만 비행접시 운동을 불러일으키는 계시의 형태는 현대의 천문학적·기계 문명적인 맥락에서 돌출돼 나타난다는 것이다. 이 때문에 고대에는 타계에서 도래한 천사나 수호신들이 직접 선택한 몇몇들과 교신하고 그들에게 놀라운 힘과 비전秘傳의 지식을 전달해 주는 이야기가 있었지만, 오늘날 UFO 그룹에서는 NASA의 우주선만큼 현대적인 주형 틀에 따른 신화가 발생하고 있을 따름이며 이들 두 가지는 근본적으로

같다는 것이다.[18]

　엘우드와 파틴의 주장은 UFO 신드롬 중의 일부분인 접촉자 운동에 국한돼 있지만, 최근 피랍 체험에서 피랍자들도 예언자로서의 역할을 해내고 있다. 피랍자들도 UFO와 조우한 후 기적적인 치유를 일으키거나 갑자기 인생관의 변화를 겪고 새로운 철학을 설파하기 시작하는 것이다.[19] 즉, 엘우드 등의 '기적에 따른 혁신'은 접촉에 국한해서 적용되는 것이 아니라 UFO 신드롬 전반에 걸쳐 나타나고 있다.

　이와 관련해 자크 발레는 UFO 현상이 단지 접촉자들뿐만 아니라 일반 조우자들에게 특별한 믿음을 이루게 하며 이로 인해 주변으로부터 고립된 독특한 신앙 집단을 형성하게 하는 특성이 존재한다는 것을 지적하면서 이러한 양상이 구약 시대의 모세에게 일어났으며 몰몬교의 창시자인 조셉 스미스에게도 일어났다는 것을 언급하고 있다. 그는 "UFO 체험이 궁극적으로 파티마나 루르드에서 일어난 현현과 동일한 역할을 해내고 있다"라고 말하고 있다.[20]

　UFO 접촉자와 피랍자에 대해 그것이 '환상 취약 인격fantasy-prone personality'을 가진 사람이라고 보는 시각이 있다.[21] 하지만 나는 비록 이들이 환상을 일으킨다 하더라도 이를 유발하는 어떤 공통적인 요인이

18 Ellwood, Robert S. & Patin, Hary B. 1988, p. 113.

19 맹성렬. 2011, pp. 345~351.

20 Vallee, Jacques. 1988, pp. 215~216.

21 Bartholomew, R. E., Basterfield, K., & Howard, G. S. 1991.

있다고 생각한다. 그리고 이런 요인은 아직 그 정체를 알 수 없으며 오래전부터 종교를 발생시키는 중요한 원인을 제공해 왔다고 믿는다.[22]

나는《UFO 신드롬》에서 UFO에 대한 믿음을 구심점으로 새로운 형태의 신앙이 출현할 모든 여건이 성숙해 있다고 생각한다는 쟈크 발레[Jaques Vallee]의 주장에 동감했다. 현대 과학이 직면하고 있는 그 어떤 현상들보다도 UFO가 가장 큰 경외감과 인간의 상대적 왜소함 그리고 우주적 차원에서의 조우 가능성에 대한 기대를 우리 마음속에 불러일으킬 수 있기 때문이다.

종교는 한 개인의 기적적인 체험으로부터 출발한다. 그런데 오늘날에는 UFO 탑승자들과 접촉함으로써 타계와의 교류에 대한 확신을 갖는 수천 명의 사람이 존재한다. 파티마와 루르드, 그 밖의 다른 곳에서 작용했던 현상과 효과가 UFO 현상에도 똑같이 작용하고 있는 것이다.[23]

---

22 "Skinwalkers" Transcript: Oct. 29th - Strieber's Dreamland - Knapp & Kelleher: "UFOs Are Bad For Your Health, But Are UFOs A Threat? UfoJoe(November 30, 2021)(https://www.ufojoe.net/skinwalkers-dreamland/) 최근 이런 관점은 더욱 힘을 받고 있다. UFO 연구자들은 UFO 현상이 단지 외계인들의 방문 정도로 보기 어려운 측면이 존재한다는 사실을 지적한다. '들어가는 글'에서 소개한 유타 주 UFO 사건을 다룬《스킨워커들 사냥[Hunt for the Skinwalkers]》이라는 책의 공동 저자 중 한 명인 조지 냅[George Knapp]은 그가 조사한 UFO가 다른 행성에서 외계인이 타고 온 우주선이라는 식의 설명처럼 단순하게 볼 수 없는 측면이 도사리고 있다는 점을 지적한다. 그럴 가능성도 배제할 수는 없지만, 그보다 훨씬 복잡하고 미스터리하다는 것이다. 그는 이 현상이 오래전부터 인류와 공존해 왔다고 본다. 알 수 없는 어떤 존재가 게임을 해 왔으며 인류를 미혹시키기 위해 UFO를 하늘에 나타나게 했다는 것이다.

23 맹성렬. 2011, p. 398., Vallee, Jacques. 1988, p. 216.

chap
ter:
02

1995년
한국 상공의
UFO 웨이브

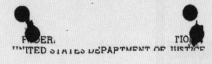
한 민항기 탑승자가 서울 상공에서 둥글고 흰 물체를 촬영했다. 이 동영상은 인터넷에서 화제가 됐고 많은 사람이 이것을 외계 가설로 설명할 수 있다고 생각한다. 요즘 이 UFO 동영상은 유튜브에 올려 있고 수백만 조회 수를 기록했다. 사람들 중에는 이것이 외계 우주선이라고 주장하기도 하고 조작된 것이라고 주장하기도 한다. 그리고 비닐봉지가 바람에 날아가는 것을 위쪽에서 포착한 것이라고 주장하기도 하고 그것은 유리창에 붙어 있는 물방울인데 단지 이상한 각도에서 바라봤기 때문에 마치 비행체처럼 보이는 것이라고 주장하기도 한다.

– 2013년 봄, 한 민항기 탑승객이 한국 상공에서 찍었다는
UFO 동영상에 대한 한 외국 유튜버의 분석 중에서
(https://www.csmonitor.com/Science/2012/0411/UFO-over-South-Korea-Why-the-
video-is-probably-fake)

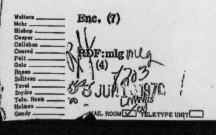

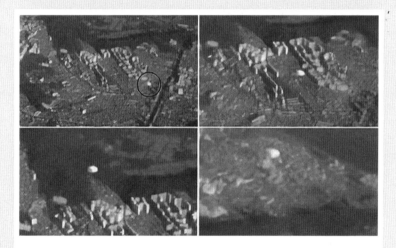

2012년 4월 7일 서울 상공에서 촬영된 UFO
(https://amp.seoul.co.kr/nownews/20120414601004)

Approved: _____ Sent _____ M Per _____
              Special Agent in Charge

Examination completed 4:00 P.M. 5/28/70 Dictated 6/1/70
                        Time   Date   Date

문화일보 기자가 찍은
가평 UFO 사진

《UFO 신드롬》1쇄의 발행일은 1995년 9월 1일이었다. 하지만 당시 관행에 따라 책이 보름쯤 전에 세상에 나왔다. 넥서스 출판사 대표는 자신의 차와 운전기사를 내 주면서 그동안 내가 기고나 인터뷰 등으로 인연을 맺었던 방송 및 언론사 관계자들에게 직접 배포해 줄 것을 요청했다. 며칠 동안 방송사와 언론사를 다니면서 책을 전달했지만, 어떤 형식으로든 홍보될 것이라는 전망은 할 수 없었다.

그도 그럴 것이 그동안 내가 방송이나 언론에 노출됐던 때는 UFO와 관련된 관심이 고조되던 몇몇 시기에 국한됐기 때문이다. 해외 토픽을 통해 외국에서 목격된 UFO가 화제가 돼야 책을 홍보할 기회가 마련될 수 있을 것 같았다. 하지만 나는 영국의 10월 학기가 시작되기 보름쯤 전에 출국해야 했다. UFO 문제가 화제로 떠오르길 마냥 기다리고 있을 수 없는 상황이었다. 이때 정말로 뜻밖의 사태가 발생했다.

ⓒ 김선규

1995년 9월 4일 문화일보 김선규 기자가 촬영한 UFO 사진

1995년 9월 5일 이른 아침, 문화일보 사진부의 김선규 기자로부터 전화를 받았다.

그는 전날 추석 특집에 사용할 사진을 찍기 위해 가평에 스케치를 나갔다가 오후 4시경 농가에서 고추를 터는 노부부의 사진을 찍었다고 했다. 회사로 돌아와 자연스럽게 찍힌 사진을 고르던 중 가장 마음에 드는 컷을 찾았는데 그곳에 뭔가 묻어 있어서 이를 제거하려고 애를 썼지만 실패했다고 했다.

결국 그것은 실제로 어떤 피사체가 우연히 사진에 찍힌 것이라는 결론에 도달했다. 연속 촬영된 앞뒤 컷들에는 존재하지 않는 그것이 UFO일 수 있다는 데 생각이 미친 김 기자는 그날 밤 당시 UFO 최고 권위자였던 조경철 박사를 찾아갔다. 그리고 조 박사는 UFO라고 확인해 줬다. 이런 자문에 따라 문화일보 사진부는 다음 날 다른 언론 매체들을 초청해 이 사진에 대한 대대적인 인터뷰를 하려고 했다. 그런데 하필이면 그날 조 박사가 김대중 총재가 주도하는 새정치국민회의(약칭 국민회의) 창당대회[1]에 과학 기술 대표로 참석하게 돼 UFO 사진을 설명해 줄 다른 전문가가 필요했다. 《UFO 신드롬》을 감수해 줬던 조 박사는 나를 추천했고 이에 김 기자가 나에게 아침 일찍 전화를 한 것이었다.

갑작스러운 연락에 당혹스럽기는 했지만, 중요한 상황이라고 판단해 초대에 응하기로 했다. 이 행사에서 나의 역할은 사진에 찍힌 물체

---

1   새정치국민회의, 한국민족문화대백과사전(https://encykorea.aks.ac.kr/Article/E0027466)

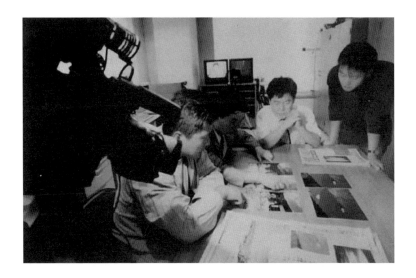

1995년 9월 4일에 찍힌 '가평 UFO' 사진을 조사, 분석하고 있는 필자(왼쪽에서 두 번째). 맨 왼쪽에 앉아 있는 사람이 이 사진을 찍은 김선규 기자이다. ⓒ 김선규 (https://post.naver.com/viewer/postView.nhn?volumeNo=29978083&member No=47296676)

가 진짜 UFO인지 여부를 밝히는 것이었다. 나는 당시 한국UFO연구협회의 연구 부장이었으며 행사장에 서종한 조사부장과 함께 가서 그 사진에 찍힌 괴물체를 분석하기 시작했다.

나는 그 물체가 구름 바깥쪽에 존재한다는 사실을 발견했다. 즉시 기상청에 전화해서 그날 해당 지역의 구름 높이를 확인했다. 그 결과, 구름이 지상에서 4km 위에 떠 있다는 것을 확인했다. 그렇다면 그 물체는 최소 4km 이상 되는 거리에서 찍힌 것이다. 그리고 카메라의 각도를 추정한 후 삼각함수를 사용해 실제 카메라 렌즈와 그 피사체와의 거리를 구했다. 그리고 이를 바탕으로 그 물체의 크기를 짐작했다. 그 결과 300m 정도라는 결론에 도달했는데, 이는 일반인들이 알고 있는 UFO 크기와는 큰 차이가 났다. 조사 부장과 논의한 후 좀 더 보수적인 가정을 통해 100m 정도의 크기로 축소 조정했다.

그다음에는 그 물체 속도를 짐작해야 했는데, 김 기자가 연속으로 찍은 사진 앞뒤에 그 물체가 나타나 보이지 않는다는 점과 프레임 간 시간 간격이 0.3초라는 사실을 바탕으로 그 물체가 최소 초속 4km 정도 속도로 움직였다는 결론에 도달했다. 이 속도는 음속의 12배 정도 된다. 나는 이런 결과를 바탕으로 그것이 새나 다른 비행체가 아닌 UFO라는 것을 언론에 알렸다. 이런 내용은 1995년 9월 6일 주요 신문에 보도됐다. 특히 문화일보에서는 이를 1면에 크게 보도했다. 그리고 이런 사건 내용은 그날 KBS TV 밤 9시 뉴스에 보도됐는데, 나는 이 뉴스의 영상을 통해 사진이 조작될 가능성은 없다고 설명했다.[2]

---

2 이기문, 1995.

이기문, 1995. 경기도 가평에서 UFO 나타나, KBS 뉴스9(1995. 09. 06.)

현역 공군 교관의
계룡산 UFO 목격

이런 보도들이 나간 후 한국UFO연구협회에 여러 제보가 들어왔다. 그중에는 당시 현역 공군 장교로부터의 제보도 있었다. 그는 당시 청주에 소재하고 있는 공군 사관학교 초등 비행 훈련 교관이었던 P 소령이었다. 마침 그 당시 부모님이 청주에 계셨으므로 9월 9일 출국 전, 인사차 집에 다니러 갈 때 P 소령을 공군 사관학교 근처에서 만났다.

그는 9월 4일 계룡산 근처에서 UFO를 목격했다고 말했다. 그날 그는 프로펠러식 훈련기로 초등 비행 훈련 중이었다. 김 기자가 가평에서 UFO 사진을 찍기 3시간 전쯤인 오후 1시경, 그는 육군 본부가 있는 계룡산 쪽으로 접근하고 있었다. 훈련병들은 이미 남하해 그의 시야에서 멀어진 상태였다. 그는 약 1.5km 상공에서 훈련병들의 비행기를 뒤쫓아 가고 있었다. 이때 하늘에서 유성이 떨어지는 것을 목격했다.

하지만 곧 그는 그것이 유성이 아니라는 사실을 깨달았다. 유성이었으면 공중에서 소멸하거나 지상에 충돌했을 텐데 그 물체는 지상 300m 상공까지 내려온 후 P 소령이 타고 있던 비행기 쪽으로 수평 비행해 다가왔기 때문이다.

그는 그것을 약 15초 동안 관찰했다. 자신의 비행기 바로 아래쪽으로 지나갈 때 P 소령은 그 모양을 매우 뚜렷하게 확인할 수 있었다.

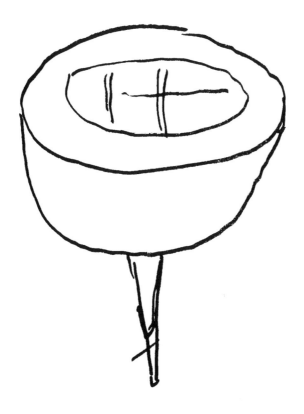

P 소령이 직접 그린 UFO의 모습
ⓒ 맹성렬

지름이 3~4m쯤 되는 팽이 형태로 은빛 광택을 내고 있었다. 그는 내 앞에서 지도, 자, 각도기 그리고 계산기를 꺼내 UFO가 이동한 궤적을 직접 표시해가며 설명했다. 이런 식으로 그가 계산해낸 UFO 속도는 음속의 7.3배였다. 이는 가평에서 찍힌 UFO의 속도와 비슷했다.

P 소령은 그 비행 물체가 미국이나 러시아의 비밀 병기일 가능성을 제시하면서도 그렇게 생각할 수 없는 몇 가지 이유를 들었다.

첫째, 그 물체의 표면이 명백히 반질반질한 금속성인 것처럼 보였는데도 레이더에 포착되지 않았다. 스텔스기는 레이더 반향음을 내지 않기 위해 표면에 광택이 나는 금속을 사용하지 않는다.

둘째, 지상 300m에서 음속의 7.3배나 되는 속도로 날아갔는데, 소닉 붐(sonic boom, 대기 중에서 비행체가 음속 이상의 초고속으로 이동할 때 생기는 충격음)을 발생시키지 않았다.

셋째, 아무런 추진 수단이 보이지 않았으며 더욱이 공기 저항을 줄이기 위한 유선 형태도 아니었는데도 마치 누군가 눈에 보이지 않는 줄로 잡아당기듯이 엄청 빠른 속도로 움직였다.[3]

---

3 맹성렬. 2000.

1995년 9월
UFO 웨이브

　　　　　김선규 기자의 UFO 사진은 그 자체로도 매우 중요한 가치를 지니고 있었다. 하지만 그 사진이 찍히던 날 UFO를 목격한 공군 조종사가 있었다는 사실은 1995년 9월 4일 한반도 상공에 나타난 UFO에 대한 매우 결정적인 증거였다. UFO가 동일한 지역에서 거의 동일한 시기에 여러 번 목격되는 현상을 'UFO 웨이브'라고 한다. 말하자면 1995년 9월 초에 한반도 상공에서 UFO 웨이브가 있었다고 볼 수 있다. 그리고 이런 추정을 확인시켜 주는 추가 제보가 협회에 접수됐다. 그 대표적인 예는 다음과 같다.

　　1995년 9월 4일 새벽 1시 30분경, 의정부 근처인 경기도 양주군 남면 황방2리 원당 저수지에서 김모 씨와 그의 친구 한 명이 야간 낚시를 하고 있었다. 이때 그들은 200~300m 정도 높이에서 저수지를 가로질러 날아가는 괴비행체를 목격했다. 대략 집 채 만한 이 비행체는 눈부신 발광체로, 지나가는 동안 저수지를 환하게 밝혔다고 한다.[4]

　　1995년 9월 3일 오후 5시 40분경, 경기도 가평군 화악산에 놀러갔다가 서울로 귀가하던 일가족이 하늘에 여러 대의 비행체가 일정 간격으로 늘어서서 날아가는 것을 목격했다. 이 일가족의 가장인 이모

4　　맹성렬. 2011, p. 128.

씨는 공무원이었는데, 그의 진술에 따르면 5~6개 정도의 환한 발광들이 대형을 유지하면서 날아갔다고 한다.

이 보고가 있던 당시 나는 김선규 기자 사건과 P 소령 사건이 발생한 것과 같은 날인 9월 4일에 발생한 원당 저수지 사건에 좀 더 집중했고 그 전날인 9월 3일의 일가족 목격 사건은 크게 관심을 두지 않았다. 그런데 내가 영국에 갔던 10월 중순 이 사건과 관련해 놀라운 사실이 드러났다.

분열하는 UFO

그해 9월 내내 나는 UFO 사건과 관련해 이런저런 방송 출연 일정 때문에 너무 바빴다. 9월 25일에는 당시 인기가 가장 높았던 주말 쇼 프로그램인 〈토요일 토요일은 즐거워〉에 출연하기도 했다. 하지만 10월 개강을 앞두고 나는 더 이상 출국을 늦출 수 없었고 9월 말 영국행 비행기를 탔다.

새로운 환경에 적응하느라 경황이 없던 나에게 협회로부터 연락이 온 것은 10월 중순이었다. 그 해 9월 3일, 강원 케이블 TV 촬영 기사에 의해 UFO 동영상이 촬영됐는데, 이 사진에 분열하는 UFO 모습

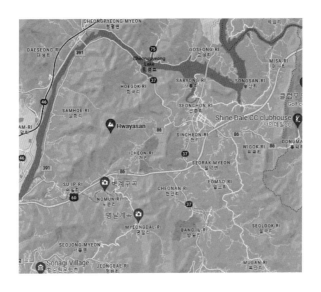

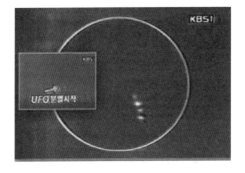

↑ ↑
1995년 가을에 UFO가 촬영된 경기도 가평군 북면과 설악면 일대 지도

↑
1995년 10월 16일 〈KBS 뉴스9〉에 보도된 화악산 UFO의 분열 모습

이 생생히 담겨 있다는 것이었다.

나는 이 소식을 접한 후 9월 3일 일가족이 목격한 UFO 사례를 떠올렸다. UFO 동영상 촬영 시간대와 일가족 목격 시간대를 비교해 보니 일가족은 UFO가 분열된 후 날아가는 장면을 목격했던 것이다.

그 UFO가 촬영된 곳은 가평군 북면 화악산 인근이었다. 김 기자가 UFO를 촬영한 가평군 설악면 설곡리와는 직선 거리로 10km 남짓 떨어진 곳이다. 동영상을 촬영한 사람은 강원도 케이블 TV 편성 제작부 소속의 카메라맨이었던 이희홍 씨였다.

그는 방송용 카메라를 들고 가을 스케치에 나섰다가 오후 5시 30분경 하늘에 떠 있는 미지의 밝은 물체를 촬영하기 시작했다. 그런데 1분여가 지나면서 이 물체는 갑자기 아래위로 나뉘기 시작했다. 마치 세포 분열을 하듯이 수증기 같은 것을 배출하면서 여러 개로 갈라진 이 물체들은 비행 편대처럼 날아가면서 일부는 깜빡깜빡 빛을 발하기도 했다. 느린 속도로 하늘을 날던 이 물체는 4분 정도 지난 후 시야에서 사라져버렸다.[5]

---

5 김혁면. 1995, 김진성. 1995, 김병철. 1995.

1995 한국
UFO 웨이브의 특성

　　　　1995년의 UFO 웨이브를 정리해 보면, 한반도 중부 지역에 9월 3일부터 4일 사이에 UFO가 집중적으로 출현했다는 것을 알 수 있다. 이를 순서대로 나열해 보면 다음과 같다.

1. **1995년 9월 3일 오후 5시 30분경**: 경기도 북면 화악산 인근 상공에 1개의 밝은 광채를 내는 UFO가 출현해 비행하나가 여러 개로 분열된 후 열을 지어 날아가는 것을 강원 케이블 TV 이희홍 씨가 촬영

2. **1995년 9월 3일 오후 5시 40분경**: 경기도 북면 화악산 인근 상공에서 열을 지어 날아가는 5~6개의 발광체를 귀가하던 일가족이 목격

3. **1995년 9월 4일 새벽 1시 30분경**: 경기도 양주군 남면 황방2리 원당 저수지에서 두 명의 낚시꾼이 낮은 위치에서 저수지를 가로질러 비행하는 괴발광체 목격

4. **1995년 9월 4일 오후 1시경**: 프로펠러기를 타고 계룡산 인근을 비행하던 현역 소령이 초음속으로 날아가는 팽이 형태의 은빛 금속 괴비행체 목격

5. **1995년 9월 4일 오후 4시경**: 가을 스케치에 나선 문화일보 김선규 기
   자가 노부부의 고추 터는 장면을 촬영하다가 우연히 급선회하는 듯
   한 초음속 UFO 촬영

이 다섯 가지 UFO 사례에서 사실 어떤 일관된 공통점을 찾기는
어렵다. 비행 높이나 특성 등이 제각각이기 때문이다. 만일 이 모든
UFO가 동일한 모양과 비행 특성을 보였다면 우리는 어떤 비행체가
정말로 그곳에 나타났다고 확신했을 것이다. 하지만 그렇지 않기 때
문에 UFO 현상에는 신화적인 요소가 존재한다. 특히 분열하는 UFO
의 경우, 이것을 과연 어떤 생명체가 타고 있는 비행체라고 볼 수 있
을까?

그럼에도 불구하고 우리는 이런 일련의 사건들로부터 나름 객관적
인 기준으로 포착할 수 있는 뭔가가 존재한다는 것을 느낄 수 있다.
그리고 사실을 보다 객관적으로 판단을 할 수 있는 UFO 웨이브가
2004년 11월 미국에서 발생했다. 이 문제는 이 책의 8장에서 자세히
살펴본다.

chapter: 03

로스웰
사건의
진실

1947년 7월 미국 뉴멕시코 주에 있는 로스웰의 한 목장에 UFO가 추락한 사건을 사람들은 '로스웰 사건'이라고 부른다. 이 '로스웰 사건'에서 추락한 비행접시에 타고 있던 세 명의 외계인들은 곧바로 사망했지만, 한 명의 외계인은 죽지 않고 살아 있었다. …(중략)… 미공군은 인류 역사상 최초로 살아 있는 외계인을 생포하는 쾌거를 이루게 된 것이다. 이렇게 로스웰 목장에서 생포된 외계인은 로스웰 공군 기지로 이송됐다가 다시 미국 CIA의 비밀 가옥으로 이송된 후 CIA의 집중적인 취조를 받게 됐다. …(중략)… 여기에서 다루는 것은 '로스웰 사건' 당시 CIA의 비밀기지에 수감된 외계인과 그를 간호했던 간호사 마틸다 간에 한 달 반 동안 이뤄졌던 인터뷰 내용이다. …(중략)… 외계인이 수감된 그 비밀 가옥에는 미국 CIA 요원들과 국방성 고급 관리, 공군 장교들, 다양한 부문의 과학자들이 참여해 외계인과의 대화를 시도했지만, 그 외계인은 전혀 그들과의 대화에 응하지 않았다. 그렇지만 그 외계인은 자신을 정성을 다해 돌봐 줬던 간호관 마틸다에게는 마음의 문을 열면서 대화를 주고받을 수 있게 됐다. 그 외계인과 대화를 나눴던 여자 간호사는 미 공군 509 사단 소속의 간호 장교인 마틸다 맥클로이 상사이고 그 외계인의 이름은 '에어럴'이다.

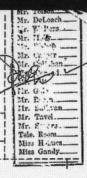
…(중략)… 외계인에게 매우 충격적인 내용을 전해들은 마틸다는 이 내용을 정리해서 '마틸다 노트'를 작성했고 이와 같은 중요한 사실을 인류에게 알려야 한다는 사명감을 갖게 됐다고 한다. …(중략)… 마틸타는 로스웰 사건이 발생한 지 60년이 지난 2007년에 '외계인 인터뷰' 내용을 책을 통해 전격 공개했다. 마틸다는 외계인과의 인터뷰의 내용을 SF 소설의 형식을 빌어 세상에 알렸다. …(중략)…《외계인 인터뷰》는 비록 간호사 마틸다 맥클로이가 소설 형식을 빌어 출간한 것이지만, 모두 사실을 바탕으로 쓴 것이다.

2022. 01. 26. 해경신문 〈뉴스저널코리아〉의 서평 중에서
(http://coast-kr.net/View.aspx?No=2192031)

외계인 사체 해부
동영상

1995년 10월 중순, 나는 영국 생활에 적응하느라 고
생하고 있었다. 그러던 어느 날 새벽 한국에서 온 전화 한 통을 받았
다. KBS 다큐멘터리 부서의 이원혁 PD에게 온 급한 전화였다. 그는
내가 레이 산틸리^{Ray Santilli}라는 런던의 영화 제작자로부터 외계인 사체
부검 동영상을 구입하는 데 도움을 줄 것을 원했다. '1947년 미국 뉴
멕시코 주 로스웰에 UFO가 추락했고 여기에 탑승하고 있던 외계인
들을 미군이 비밀리에 수거해 보관하고 있다'라는 루머는 매우 오래
전부터 돌고 있었다. 이 PD가 구입하고자 하는 동영상은 바로 그렇
게 회수된 외계인 사체를 당시에 해부했던 기록이 담긴 것이라고 했
다. 전화 통화를 한 지 며칠 후 그는 촬영팀을 이끌고 런던에 왔다. 학
기 중이라 연구실을 비우는 것이 어려웠지만, 나는 직접 런던의 산틸
리 사무실까지 동행해 그들의 필름 구입과 인터뷰를 도왔다.

레이 산틸리는 그해 8월 외계인 사체를 해부하는 장면이라는 낡은
필름을 공개해 전 세계인을 경악시켰다. 그 영상 속에 등장하는 이들

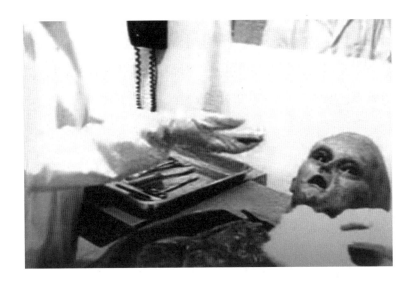

1995년 영국인 영화 제작자 레이 산틸리가 로스웰 사건 당시
외계인 사체를 부검하고 있는 모습이라며 공개한 필름

은 모두 얼굴 대부분을 마스크로 가린 수술복을 착용하고 있었고 그들은 인간이라고 볼 수 없는, 기묘하게 생긴 휴머노이드 생명체를 해부하고 있었다. 이 필름은 1995년 11월 26일 KBS1 TV 〈일요 스페셜〉을 통해 방영됐다. 한동안 이 동영상에 대한 진위 여부로 논란이 있었고 2006년에 산틸리와 이를 제작한 이들이 스스로 그 동영상이 조작된 것임을 실토했다.[1] 그렇다면 로스웰에서 외계인을 회수했다는 그간의 소문은 모두 거짓이란 말인가?

로스웰 사건

지금까지 여러 차례 방송 출연을 하면서 약방의 감초처럼 빼놓지 않고 받은 질문 중 대표적인 것은 바로 로스웰 사건에 관한 것이다. 아무도 정답을 모르는 이 사건에 대해 나름대로 상상력을 발휘해 대답하지만 관심 있는 대부분의 질문자들은 이미 긍정적인 답을 갖고 있는 경우가 많다. 물론 예외인 경우도 가끔 있다. 2021년 5월 5일 밤 9시에 방영된 〈당신이 혹하는 사이〉에서 주로 다뤄진 것은 51구역에 관한 것이었는데, 이때 로스웰 사건에 대한 질문도 있었다. 녹화가 본격적으로 시작되기 전 윤종신 씨와 로스웰 사건에 대해 대화를 나눴는데, 그는 상당히 비판적인 태도를 지니고 있었

---

[1]   Nickell, Joe. 2006., Lagerfeld, Nathalie. 2016.

다. 나는 그의 지적에 동감하면서 매우 간략하게 그 사건의 문제점을 설명해 줬다. 로스웰 사건의 개관은 다음과 같다.

7월 3일, 윌리엄 브래즐이라는 농부가 뉴멕시코 주 남동부의 로스 웰에서 100km 정도 떨어진 곳에서 미확인 비행 물체의 잔해를 발견 하고 당시 보안관인 조지 윌콕스와 지역 신문사에 연락한다. 윌콕스 는 미 육군 항공대에 연락했고 7월 7일 제스 마셀Jesse Marcel 소령이 군인 들을 데리고 브래즐과 동행해 잔해를 수거했다. 그리고 이를 회수해 조사했던 육군 항공대는 "비행접시flying saucer를 포획했다capture"라고 발 표했다.[2] 1947년 7월 8일, 〈로스웰 데일리 레코드〉에 비행접시가 로 스웰 근교의 목장 근처에 추락했으며 공군이 그것을 회수했다는 내 용의 기사가 공군 대변인의 말을 인용해 보도됐다. 이 기사가 미국은 물론 AP 통신을 통해 세계 각국에 배포되면서 화제를 불러일으켰다.

하지만 이 발표 내용은 24시간 만에 정정된다. 〈로스웰 데일리 레 코드〉의 보도가 나간 당일 육군 항공대는 기상 관측용 기구가 추락한 잔해를 회수했다고 공식 발표했다. 7월 9일, 이를 취재했던 〈로스웰 디스패치〉는 윌리엄 브래즐이 발견한 것은 은박지와 종이, 테이프 그 리고 막대였다고 보도하면서 사실상 육군 항공대의 발표 내용을 뒷 받침했다.

---

2 Kindy, Dave. 2022.

이런 사태에 대해 〈워싱턴 포스트〉를 비롯한 미 전역의 유력한 신문들은 일제히 군 당국이 사실을 숨기고 있다는 비난 기사를 실었다. 이에 당황한 군은 기자 회견을 열고 사진 기자들에게 추락 잔해를 촬영하도록 했다. 이 기자 회견에는 제8공군 지역 사령부 사령관 로저 레이미 준장이 직접 참석했다. 동석한 기상부 당직 사관은 그 물체가 레윈 기상 관측용 기구의 잔해라고 증언했다. 그런데 나중에 이 사건의 실무자였던 제스 마셀 소령은 그때 공개한 잔해는 바꿔치기된 것으로, 진짜는 라이트 필드 공군 기지로 운반 중이었다고 주장했다.

1947년 7월 8일자 〈로스웰 데일리 레코드〉의 1면 헤드라인으로 보도된 UFO 추락 기사

1947년 7월 9일자 〈로스웰 디스패치〉에 보도된 UFO 추락 관련 기사

(https://www.washingtonpost.com/history/2022/07/08/roswell-flying-saucer-ufo/)

특급 비밀을
넘어서

로스웰 사건은 40여 년이 지날 때까지 침묵 속에 묻혀 있었다. 하지만 이 판도라의 상자를 연 사람은 티모시 굿Timothy Good이다. 1995년 10월, 나는 KBS 다큐멘터리팀과 그의 인터뷰를 주선해 줬다. 그 취재의 최대 관심사는 로스웰 사건과 그곳에서 수습된 외계인 사체이므로 그와의 인터뷰가 매우 중요했기 때문이다.

나는 영국의 UFO 단체들과 연락해 런던에서 다큐멘터리팀과 그와의 인터뷰를 이끌어 냈다. 그는 인터뷰에서 문제의 영상에 대한 말을 아꼈다. 그는 개인 리사이틀을 하기도 하는 전문 바이올린 연주자로, UFO 연구는 취미로 하고 있었다. 하지만 아마추어라고 하기에는 UFO 연구계에서 그의 위상은 높았다. 그는 1987년에《특급 비밀을 넘어서Above top Secret》라는 책을 냈다. 이 책은 〈정보자유화법〉에 따라 공개된 미국 정부의 비밀 문서를 중심으로 세계 각국 정부의 UFO 정책과 사건의 처리 과정을 추적, 조사한 것으로, 특히 관련 문서의 출처를 상세히 밝힘으로써 UFO 연구사에 한 획을 그었다는 평가를 받았다. 그런데 이 책에는 출처가 불명확한 로스웰 사건에 관한 놀라운 사실이 포함돼 있었다.

1984년 미국인 영화 제작자 자임 산드라Jaime Shandera는 송신자가 밝혀져 있지 않은 한 꾸러미의 소포를 받았다. 이 소포에는 1952년

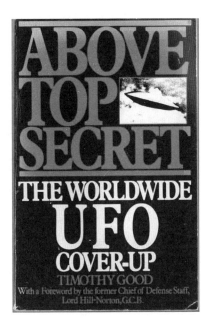

↑
해리 트루먼의 사인이 되어 있는
MJ-12 관련 문서. 위조됐다는
의혹이 제기됐다.

↗
티모시 굿이 저술한《특급 비밀을
넘어서》의 표지

11월 8일 로스코 힐렌쾨터 제독Vice Adm. Roscoe Hillenkoetter이 당시 대통령 당선자 신분이었던 드와이트 아이젠하워에게 보내는 브리핑 문서가 촬영된 35mm 필름이 담겨 있었다. 그 내용은 1947년 7월 초에 지상에 추락한 괴비행체와 네 명의 외계인 시신을 수거했다는 것이다. 브리핑에는 당시 대통령이었던 해리 트루먼이 이 사건을 비밀리에 조사할 특수 위원회인 MJ-12의 출범을 지시한 것으로 돼 있었다.[3]

이 부분에 대한 책의 결론은 "비록 그 실체가 공식적으로 확인되지 않았지만, 해리 트루먼 대통령의 지시에 따라 'MJ-12'라는 암호명으로 극비리에 설치된 정부고위위원회가 로스웰의 외계인 시체 조사를 지시한 뒤 이를 은폐했다"라는 것이다.[4] 이 책이 세계적인 초베스트셀러가 되면서 로스웰 사건은 다시 세인의 폭발적인 관심을 끌기 시작했다. 이 내용은 세계 각지의 매스컴에 널리 보도돼 UFO 연구가뿐만 아니라 대중에게도 큰 관심을 불러일으켰다.

MJ-12 가설은 외계인과 미국 정부가 공동으로 작업하고 있다는 새로운 루머를 만들기도 했다. 즉, 미국 네바다 주 사막에 51구역에서 추락한 UFO와 외계인들에 대한 모종의 프로젝트가 수행되고 있다는 것이다. 이런 루머는 더 나아가 맨하탄 프로젝트를 정치적으로 이끈 밴에버 부시Vannever Bush가 MJ-12를 주도했으며 이 위원회에서 아이젠하워와 외계인들 간의 미팅을 성사시켰다는 식으로까지 비약된다.

---

3 Goldberg, Robert Alan. 2008. pp. 189~231
4 Good, Timothy. 1988. pp. 257~260

또한 외계인들이 지구인들을 납치해 생물학적 실험을 하고 가축 도살을 자유롭게 하는 대가로 그들이 보유한 고도의 기술을 지구인들이 습득하는 것이 허용됐으며 그 결과로 등장한 것이 B-2 스텔스기라는 식으로까지 진화했다.[5]

하지만 이 문서 자체가 출처가 불명확할 뿐만 아니라 여러 전문가의 조사에 따라 그것이 교묘하게 조작됐을 가능성이 제기됐다. 그럼에도 그 후 이 문서 내용이 사실이라고 굳게 믿는 이들이 정치인들에게 압박을 가해 미국 정부로부터 로스웰 사건의 진상을 제대로 밝힐 것을 요구하기에 이르렀다.

모글 프로젝트

1994년 6월 미 공군은 로스웰 사건이 암호명 '모글 계획Project Mogul'에서 극비리에 개발한 음파 탐지기 추락과 관련돼 있다고 공식 발표했다.[6] 로스웰 일대는 제2차 세계대전의 끝 무렵부터 핵 폭탄 관련 연구 개발의 중심지였다. 그곳의 로스웰 육군 비행장Roswell Army Airfield에는 당시 유일한 핵 폭탄 부대인 '509 폭탄 그룹

5　Jacobson, Mark. 2013., Barlow, Rich. 2023.

6　Weaver, Richard L.,McAndrew, James & Department of the Air Force Washington DC. 1995., 정용인. 2011., 유영규. 2021.

the 509th Bomb Group'이 주둔하고 있었다.[7]

나중에 좀 더 논의하겠지만, UFO는 핵 기지나 핵 항모 근처에 자주 나타난다. 이런 맥락에서 볼 때 로스웰에 UFO가 자주 나타났을 가능성이 있다. 하지만 그것이 추락체와 직접 연관이 있는지의 여부는 오랫동안 논란이 돼 왔다.

1994년 미 국방부의 발표는 당시 로스웰이 핵과 관련해 가장 중요한 비밀 지역이었기 때문에 이와 관련된 일체의 연구나 실험이 극비 사항으로 분류돼 있었다는 것이다. 그렇다면 모글 계획에서 실험했

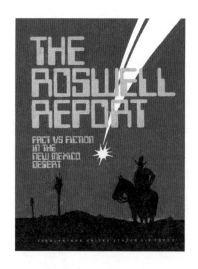

1994년 6월 미 공군이 발간한
〈로스웰 보고서〉의 표지

---

7 Hastings, Robert L. 2015.

다는 음파 탐지기는 핵과 어떤 관련이 있을까? 이 발표에 따르면, 모글 계획은 당시 로스웰 인근 사막 지역에서 소련의 핵 실험을 탐지하기 위한 기상 관측 기구를 이용한 음향 탐지 실험이었다고 한다. 이때 사용된 장비는 185m 상공을 비행하는 기구와 은빛의 반사 레이더, 기타 음향 탐지 기구들이었다.[8]

로스웰 사건에 대한 미 공군의 최종 해명

하지만 모글 계획에서 기구 탑승자는 없었다. 따라서 그런 기구가 추락했다면 여러 사람이 봤다고 주장하는 시신들은 당연히 없었을 것이다. 이 문제 때문에 1994년 미 공군 발표 후에도 여전히 로스웰 사건에 대한 의문이 제기됐다.

그러자 로스웰 사건 50주년을 맞아 1997년 6월 미 공군은 <로스웰 리포트: 종결편>이라는 보고서를 내놓았는데, 여기서 목격자들이 추락체에서 사체를 봤다는 사건이 사실은 1950년대에 실제 발생한 별개의 두 비행체 추락 인명사고가 짜 맞춰진 것으로 보고 있다. 즉, 1956년 KC-97 비행기가 이 지역에 추락해 11명의 미 공군이 사망한 사건과 1959년 유인 기구가 추락해 두 명의 조종사가 부상당한 사건

---

8 이인우. 1997.

이 교묘하게 '조합돼' 비행접시 추락과 외계인 사체 목격담으로 둔갑했다는 요지이다. 미 공군은 이로써 이 사건에 대해서는 어떤 의혹도 남지 않게 됐으며 이 보고서가 이 사건의 최종적인 결론이라고 못 박았다.[9] 하지만 어떻게 1950년대의 사고가 1940년대 사고로 둔갑할 수 있단 말인가?

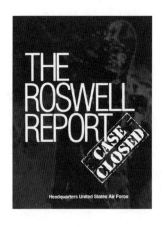

1997년 6월 미 공군이 발간한
〈로스웰 보고서〉의 표지

---

9 McAndrew, James. 1997.

오퍼레이션
실버 버그

그런데 그것이 외계인의 시신이 아니더라도 1947년 로스웰에서 수거된 비행체에 시신이 포함돼 있었을 가능성은 충분하다는 주장이 제기됐다. 기자 회견에 참석한 제8공군 지역사령부 사령관 로저 레이미 준장의 손에 쥐어 있던 메모에 그런 내용이 담겨 있었다는 것이다. 사실 이 메모 내용을 해독하는 것은 쉽지 않았다. 하지만 최근 인공지능을 사용해 그 안에 담긴 몇몇 단어를 찾아냈는데, 그 메모지에 '원반disc'이나 '희생자victim'라는 단어가 존재한다는 주장이 제기됐다.[10]

1977년 미 공군의 최종 보고서가 나오자 <파퓰러 메카닉스>는 그해 7월호에서 나치 독일에서 추진하던 원반형 비행체 연구 개발 프로젝트를 가져다가 미국이 제2차 세계대전 직후 극비리에 진행한 연구인 오퍼레이션 실버 버그Operations Silver Bug와 오퍼레이션 파이 와캣Operations Pye Wacket의 존재를 폭로했다.[11]

이 프로젝트는 미 육군 항공대가 캐나다 온타리오 주에 소재한 AVRO 에어크래프트 리미티드Avro Aircraft Limited 사에 위탁해 추진한 것으로 알려져 있다. 여기서 만든 비행체는 원반형으로, 사람이 타고 조

---

10 Houran, James & Randle, Kevin D. 2002.

11 Wilson, Jim. 1977, pp. 52~53.

↑
기자 회견장에서 로스웰에서 수거된 잔해물을
바라보며 포즈를 취하고있는 로저 레이미 준장
(왼쪽)과 제스 마셀 소령(오른쪽)

↑
로저 레이미 준장의 손에 쥐어진
메모 부분을 확대한 모습

종하는 제트 엔진에 의해 가동되는 수직 이착륙기였다고 한다.[12] 그런데 이 프로젝트에 의해 어느 정도 비행 성능을 갖춘 비행체가 개발된 시기는 1953년경인 것으로 알려졌다.[13] 접시형 비행체가 개발된 장소로 보나, 개발된 비행체가 비행하기 시작한 시기로 보나 로스웰 사건이 이 비행체의 추락에 따른 것으로 보기는 어렵다.[14]

그런데 여기서 한 가지 의문이 제기될 수 있다. 미 육군 항공대는 이처럼 중요한 프로젝트를 캐나다 회사에만 맡겼을까? 사실 접시형 비행체 개발은 제2차 세계대전이 끝날 무렵, 나치 독일에서 시작됐다. 그리고 1947년 당시 로스웰 인근은 초극비 프로젝트가 진행되던 가장 핵심적인 장소였다. 결국 로스웰 인근에서 접시형 비행체 실험이 있었을 가능성이 충분히 있다. 실제로 로스웰에서 수거된 추락체

---

12 Project Silver Bug: Did they really use alien technology to create a UFO?: Since 1955, it was already suspected that extraterrestrial technology had been used in various secret projects conducted by the US military. MRU.INK(Dec 17, 2020).(https://mysteriesrunsolved.com/the-silver-bug-project/)

13 Project Silverbug, The Free Dictionary.
(https://encyclopedia2.thefreedictionary.com/Project+Silverbug)

14 〈파퓰라 메카닉스〉는 로스웰 추락체의 사체와 관련해 2000년 11월호에 또 다른 가설을 소개했다. 당시 로스웰 인근에서 핵폭탄과 관련된 극비 실험을 하고 있었다는 사실을 근거로 LRV 실험 중 마네킹들이 추락한 것이라는 주장을 내세웠다. LRV는 일종의 초고도 비행선으로, 레이더에 포착되지 않도록 사람이 타고 조종하면서 상공 480km에서 핵폭탄을 발사하는 무기 체계라고 알려져 있다. LRV에 문제가 생길 경우, 조종사를 탈출시켜야 하는데, 그 방법을 찾는 와중에 여러 실험을 하게 됐다고 한다. 이 과정에서 행한 것이 '하이 다이빙' 실험으로, 사람이 아닌 마네킹을 태우고 실험했다고 한다. 로스웰 사건은 이 과정에서 추락한 기체의 잔해를 농부가 발견한 것이며 여기에는 상당 부분 타버린 마네킹들이 실려 있었기 때문에 이를 수거한 이들은 이것이 외계인 사체라고 생각했을 것이라는 것이다. 하지만 〈파퓰라 메카닉스〉는 이런 실험이 이뤄졌던 시기를 1950년대 후반으로 보고 있어 로스웰 사건과의 연관성은 떨어져 보인다(Wilson, Jim. 2000).

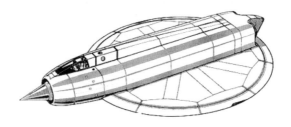

↑ ↑
독일이 개발한 원반형 비행체를 토대로 캐나다 AVRO 에어크래프트 리미티드 사에서
제작한 VZ-9 Avrocar.
(https://mysteriesrunsolved.com/the-silver-bug-project/)

↑
1959년 공개된 캐나다 AVRO 에어크래프트 리미티드 사의 수직 이착륙기 W-S 606A.
(http://greyfalcon.us/restored/Project%20Silver%20Bug.htm)

가 최종적으로 옮겨진 라이트-패터슨 공군 기지에서 나치 독일의 접시형 비행체의 풍동 실험이 있었다는 증거가 제시된 바 있다.[15]

스텔스기 개발은 1970년대 51구역에서 이뤄졌다. 그런데 이런 초첨단 비행체 개발의 기원을 거슬러 올라가 보면 로스웰에 주둔했던 '509 폭탄 그룹the 509th Bomb Group'과 맞닥뜨리게 된다.[16]

1945년 일본 원폭 투하 이후 그해 말부터 이 폭격 부대는 로스웰에 본진을 두게 된다. 원래 로스웰은 최초의 원폭 실험이 진행됐던 트리니티Trinity nuclear test site에서 200km 정도의 거리에 위치한 핵폭탄 연구 개발에 있어 당시 미국의 가장 핵심적인 요충지였기 때문이다. 이 시기

트리니티 핵 실험 장소와 로스웰의 위치가 표시된 지도

---

15 Willson, Jim. 1997, p. 53.

16 509th Bomb Wing, 8th Air Force/J-GSOC.
(https://www.8af.af.mil/About-Us/Fact-Sheets/Display/Article/1085852/509th-bomb-wing/)

에 그들에게 주어진 중요한 연구 개발 목표는 '원자폭탄을 실은 폭격기가 어떻게 하면 적군의 레이더에 포착되지 않고 목표 지점까지 갈 수 있는가?' 하는 것이었다. 당시 미국이 유일한 원자폭탄 보유국이었지만, 제2차 세계대전 이후 레이더가 전 세계적으로 널리 보급되면서 원폭의 유용성이 크게 떨어지고 있었다. 아무리 폭탄의 위력이 막강하더라도 그것을 원하는 지점에 제대로 투하할 수 없다면 전략적으로나 전술적으로 효용 가치가 크게 떨어지기 때문이다. 1945년에 일본이 원폭 투하에 속수무책이었던 것은 당시 레이더 시스템을 갖고 있지 못했기 때문이다.

따라서 1947년 로스웰에서 매우 초기 형태의 스텔스기 실험이 이뤄지고 있었을 가능성을 배제할 수 없다고 본다. 실제로 '509 폭탄 그룹'은 1970년대 이후 미국의 최초 스텔스 폭격기인 B-2 그리고 후속

B-2 스텔스기   호르텐 Ho 229

으로 FB-111A를 개발했다.[17]

나치 독일이 제2차 세계대전 말기에 개발했던 원반형 폭격기 호르텐 Ho 229[the Horten Ho 229]는 B-2 스텔스기와 그 형태가 매우 닮았다. 제트 엔진을 동력원으로 한 이 폭격기는 1945년 2월에 처음 시험 비행을 했는데, 엔진 고장으로 실패했다. 그리고 몇 주 후에 있었던 시험 비행에서 조종사가 사망했다. 하지만 시험 비행에서 이 비행기의 이착륙에 문제가 없었고 순항할 수 있는 안정성을 확보했다고 한다.[18]

미국이 1945년에 이 기종의 설계 도면과 실물을 확보했다는 충분한 증거가 있다.[19] 아마도 '509 폭탄 그룹'은 1947년경 나치 독일의 원반형 비행체를 기반으로 한 스텔스기 개발을 추진했을 것으로 보이며 이 극비 실험 도중 치명적 사고가 발생했을 가능성이 충분히 있다고 본다. 만일 그런 실험이 있었다면 여기에서 희생된 이들은 다른 곳에서 훈련 중 사망한 것으로 위장됐을 것이고 유족에게도 이런 식으로 철저히 비밀에 부쳤을 것이다. 어쩌면 미 공군은 이런 윤리적 문제 때문에 이 사고를 끝까지 비밀에 부치고 있을지도 모른다는 상상을 해 본다.

나는 그 진상이 무엇이든 1947년 로스웰에서의 사건이 외계인과는

---

17 509th Bomb Wing, 8th Air Force/J-GSOC.(https://www.8af.af.mil/About-Us/Fact-Sheets/Display/Article/1085852/509th-bomb-wing/)

18 Dowling, Stephen. 2016.

19 Swords, Michael D. 2000, p. 32.

무관하다고 생각한다. 왜냐하면 1947년 미 육군 항공대에 보고된 내용을 살펴보면 그때 나타나던 괴비행체의 성능은 당시 수준을 훨씬 뛰어넘는 것으로, 추락해서 인류에게 그 정체를 노출시킬 정도로 허술한 수준의 기술력이 전혀 아니었기 때문이다. 실제로 1947년 미 육군 항공대에 보고된 UFO의 비행 수준과 특성이 엄청났다는 사실을 지금부터 살펴본다.

chapter: 04

1947년
미국
UFO 웨이브

수세기 동안 사람들은 하늘에서 이상한 밝게 빛나는 물체들을 목격해 왔다. 가장 오래된 기록은 ⋯(중략)⋯ (로마 제국의) 필리니우스와 세네카의 기록에서 찾아볼 수 있는데, 그들은 이것들은 '빛나는 방패들'이라고 명명했다.

제2차 세계대전 이전, 적어도 50여 차례의 괴비행체에 대한 목격 보고가 있었다. 그리고 그 수효가 점차 늘어나 (제2차 세계대전 중) 연합군은 그것들이 나치 독일의 비밀 무기라고 생각했다. 1947년 이후 그런 것들의 목격 보고 수가 급증했다. ⋯(중략)⋯

그 형태는 대체로 원반형으로 묘사됐고 종종 구체나 타원체로도 보고됐다. ⋯(중략)⋯ 이따금 기둥처럼 세워져 떠 있는 시가 형태의 UFO도 나타나는데, 여기에서 원반 형태의 UFO가 분리돼 나온다. ⋯(중략)⋯

그것들은 순식간에 사라지거나 소멸된다. 그것들의 속도는 종종 매우 빠르다. 레이더 장비에 의해 초속 19km(음속의 55배 이상)인 것으로 측정됐다. 가속도가 너무 커서 사람이 견뎌낼 수 없다. 만일 누군가 그 안에 있다면 벽면에 밀려가 뭉그러질 것이다.

만일 그런 보고가 3~4건에 불과하다면, 나는 그것들을 의심하고 좀 더 많은 데이터를 기다릴 것이다. 하지만 50건 이상의 그런 측정 보고가 존재한다. 모든 미군 요격기에 장착돼 있는 레이더 장비는 입수된 정보들을 완전히 무시할 정도로 그렇게 부정확하지 않다.

– 나치 독일의 V2 로켓을 만든 헤르만 오베르트Herman Oberth 박사의
1954년 UFO 관련 연설문 중에서
(https://www.explorescu.org/post/lecture-notes-on-ufo-properties-by-herman-oberth-from-1954)

Lecture Notes

For Lecture About Flying Saucers 1954

By Hermann Oberth

1.   Observations:

For centuries people have seen strange, shining objects in the Sky. The oldest reports are found from Plinius and Seneca, according to the Basler National Newspaper, and have been named "Shining Shields."

There are about 50 observations known from the time before World War 11. Then the number of appearances increased; the Allies thought it was a German secret weapon, and the Germans thought it was one of the Allies. Since 1947, the reports of eyewitnesses increased considerably. It is said by the English Air Marshall Lord Dowding that there have been 10,000(reports) by 1953.

The appearences are usually described as disks, sometimes as balls or ellipsoids. It sometimes happens that these disks placed one upon the other, the largest in the center, the smaller toward the ends, to form an object the shape of a cigar, which then flies away with high speed.

Sometimes one already saw such a cigar (UFO) stopping and untie into seperate disks, The disks always fly in a manner as if the drive is acting perpendicular to the plane of the disk; when they are suspended over a certain terrain they keep horizohtal; when they want to fly very quick, they tilt (tip) and fly with the plane directed forward. In sunlight, which is brighter than their own gleaming, they appear glitter- ing like metal. They are dark orange and cherry red at night, if there is not much power necessary for the particular movement, for instance, when they are suspended calm. Then, they also do not shine very much. If more driving power is necessary, the shining increases (brightens) and they appear yellow, yellow-green, green like copper flame, and in a state of highest speed or acceleration extremely white.

Sonetimes they suddenly blink or extinguish.

Their speed is sometimes very high. 19 km/sec has been measured with wireless measuring instruments (radar). Accelerations are so high that no man could stand it; he would be pressed to the wall and bruised. The accuracy of such measurements has been doubted. If there would be only 3 or 4 measurements, I would not rely upon them and would wait for futher measurements, but there is existing more than 50 such measurements; the wireless sets (radar) of the American Air Force and Navy, which are used in all fighters, cannot be so inaccurate that the information obtained with them can be doubted completely.

케네스 아널드와
비행접시

한 민간인이 1947년 6월 24일 세계 최초로 UFO를 목격했다. 그의 이름은 '케네스 아널드^{Kenneth Arnold}'였다. 이 이름은 UFO 출현 역사를 말할 때 항상 가장 먼저 언급된다. 어떻게 한낱 민간인에 불과한 그의 이야기가 이런 대접을 받게 된 것일까? 그는 아이다호 주의 보이즈의 목장 주인이면서 소방 기기 제조 사업을 하는 실업가였다. 그런데 만일 이것이 그의 경력의 전부였다면 그가 오랫동안 유명세를 타지는 못했을 것이다. 그는 동시에 그 지역 부보안관 임무를 수행했으며 아이다호 수색 및 구조 자원 비행단의 일원이기도 했기 때문에 그의 UFO 목격 사례는 언론으로부터 큰 신뢰를 얻을 수 있었다.[1]

---

1 Smith, Jeff. 2013.

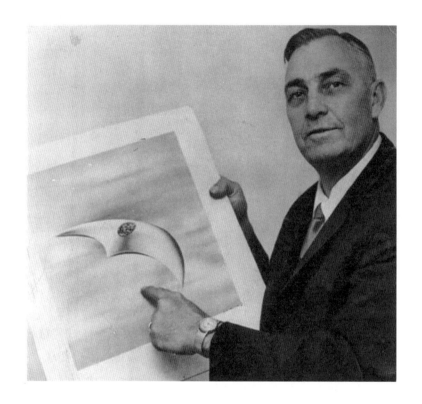

자신이 목격한 UFO 스케치를 보여 주면서 포즈를 취하고 있는 케네스 아널드
(https://www.seattletimes.com/seattle-news/northwest/flying-saucers-became-a-
thing-70-years-ago-saturday-with-sighting-near-mount-rainier/)

그날도 그는 자신의 비행기를 몰고 실종된 군 수송기를 찾기 위해 미국 워싱턴 주 레이니어 국립공원 상공을 비행하고 있었다. 수색 비행 도중 그는 대형을 지어 날아가는 9대의 이상한 비행 물체를 목격했고 이 사건은 여러 지역 신문의 머리기사로 다뤄졌다.

아널드는 그 다음 날 〈이스트 오레이거니안East Oregonian〉이라는 신문사의 기자인 빌 베퀘트Bill Bequette와 놀란 스키프Nolan Skiff에게 자신의 이야기를 해 줬고 그때 자신이 목격한 물체를 묘사하면서 '접시', '원반' 그리고 '파이-팬'이라는 표현을 사용했다. 스키프는 그날 기사를 작성하면서 '접시 같은 비행체saucer-like aircraft'라고 썼다. 그는 또한 아널드가 본 것이 미군의 시험용 비행기들일 가능성이 있다고 보고 이를 확인하기 위해 무선 통신용 기사wire story를 작성했고 이 기사를 AP 통신사에서 미 전역에 보도했다. 그런데 AP 통신사는 스키프의 기사를 더 축약하는 과정에 '비행접시flying sacuer'라는 표현을 사용하게 됐다. 그러자 미 전역의 언론사에서 이 기사에 대대적인 관심을 보였고 아널드는 하루아침에 유명 인사가 됐다.[2]

아널드 사건은 그것이 최초로 보도된 UFO 사건이라는 점이 주로 조명됐는데, 사실 그의 목격에는 훨씬 중요한 측면이 있었다. 그

---

2 Lee, Russell. 2022.

가 짐작한 '비행접시들'의 속도가 음속을 훨씬 상회했다는 점이다.[3] 레이니어산의 지형에 익숙한 그는 그 괴비행체들의 속도가 약 초속 0.76km 정도 된다고 추정했는데, 그것은 음속의 2배가 넘는 속도이다.[4] 이 수치가 너무 크다고 생각한 아널드는 나중에 초속 0.54km로 정정했다.[5] 그래도 역시 이 속도는 음속을 뛰어넘는 극도로 빠른 속도였다.

당시 비행 속도 세계 최고 기록은 초속 0.29km, 음속의 0.8배 정도였다. 다시 말하면 그 당시 그 어느 나라에서도 초음속 비행을 하는 비행체를 만들 수 없었다.[6] 인류 최초의 음속 돌파 비행 기록은 아널드 사건 발생 몇 달 후에 달성됐다.[7]

---

3   미 국가정보국, 국방부, 중앙정보국. 2023, pp. 113~115.

4   Lacitis, Erik. 2017.

5   Dorsch, Kate. 2019.

6   Bequette, Bill. 1947.

7   Lee, Russell. 2022.

초기부터 부각된
UFO의 군사적 문제

케네스 아널드 사건 직후 미국의 언론 매체로 많은 비행접시 목격 보고가 쇄도했고 신고자들의 대부분은 민간인들이었다. 하지만 이 문제는 군의 심각한 문제이기도 했다. 아직 공군이 창설되기 전인 당시 육군 소속 항공대가 그 역할을 하고 있었다. 아널드 사건 직후 몇 달 동안 육군 항공대 조종사들, 관측 요원들 그리고 신기종 연구자들은 여러 건의 원반형 괴비행체 목격을 보고했다. 그들은 대중적으로 알려진 비행접시 대신, 이 괴비행체를 '비행 원반Flying Disc'이라고 불렀다.[8] 이런 괴비행체들은 미군의 주요 군사 시설 근처 상공에서 목격됐다.

1947년 6월 28일 P-51기를 몰고 오레건 주 포틀랜드로 향하고 있던 미 육군 항공대 조종사 에릭 암스트롱 중위는 네바다 주의 미드호 인근에서 UFO 편대를 목격했다. 5~6대의 둥근 금속 물체들이 대형을 지어 고도 약 2km 상공을 날아가고 있었던 것이다. 이 물체의 지름은 대략 1m 정도 돼 보였고 속도는 암스트롱이 모는 비행기와 거의 같았다.[9]

---

8 Fitch, E. p.1947., Swords, Michael D. 2000, p. 27.

9 Thomas, Kenn. 2011, p. 37., Randle, Kevin D. 2014, p. 75.

1947년 6월 30일, P-80기를 조종해 애리조나주 윌리엄 필드로 향하고 있던 해군 중위 윌리엄 맥킨티는 둥근 물체 2개가 그랜드 캐년의 사우스림 인근에서 놀라운 속도로 낙하하는 것을 목격했다. 그쪽 방향으로 향하고 있던 그는 깜짝 놀라 급히 기선을 돌렸다. 그것은 밝은 회색이었으며 대략 지름이 2.5~3m 정도 돼 보였다.[10]

1947년 7월 7일 오전 10시경, 캘리포니아 주 로저스 건조호Rogers Dry Lake 인근 머록 공군 기지Muroc AFB, 현재는 에드워즈 공군 기지 활주로에서 신종 제트기 XP-84를 테스트 중이던 조웰 와이즈Jowell C. Wise 소령은 북동쪽 상공 3km 상공에서 진동을 하면서 전방 휘돌림forward whirling 동작을 하는 지름 2~3m가량 되는 백황색 구체를 목격했다. 다음날 이 UFO를 당시 기지에서 근무하던 다른 군인들과 과학자들 그리고 기술자들도 동시 목격했다. 최신 비행 기종에 대한 테스트를 하고 있던 그들은 아침에 그들의 머리 위에서 마구 날뛰는 원반 비행체를 봤다.[11]

1947년 7월 9일, <아이다호 스테이츠먼>의 항공 편집자가 전 미육군 항공대 조종사 데이브 존슨이 조종하는 아이다호 국립항공방위대 소속의 AT-6기를 타고 페어필드 인근 카마스 프레리 상공을 운행

---

10 Sparks, Brad. 2016. p. 17., Redfern, Nick. 2014. p. 108., Randle, Kevin D. 2014. p. 75.

11 Sparks, Brad. 2016. pp. 20~22., Muroc AFB Incident, Califonia, July 8, 1947. (http://www.nuforc.org/Muroc.html)

하다가 적운을 배경으로 나타난 검은색 원반을 목격했다. 그것은 반
횡요half-roll를 하더니 오른쪽으로 마치 계단을 오르는 것과 같은 움직
임을 보였다. 이런 목격이 있던 시각 아이다호 보이즈 고웬필드에 있
던 세 명의 아이다호 국립항공방위대 요원들과 한 명의 유나이티드
항공사 관계자가 카마스 프레리 상공 적운 근처에서 비슷한 검은 물
체가 불규칙하게 움직이는 것을 목격했다.[12]

육군 항공대와 FBI의
UFO 조사 분석

1947년 6월 말 이후, 미국 전역에서 비행접시를 목
격했다는 제보가 언론사에 쇄도했다. 케네스 아널드 사건은 제2차 세
계대전 이후 만연해 있던 미국 국민들의 안보에 대한 불안감에 불을
지른 듯 보였다. 하지만 이 히스테리적 현상은 그렇게 쉽게 치부하고
넘어갈 수 있는 성질의 문제가 아니었다. 민간인뿐만 아니라 미군 조
종사들이나 관제 요원들 사이에서도 목격이 급증하고 있었기 때문
이다.

당시 이런 문제를 관할하고 있던 조직은 미 육군 항공대 정보처

---

12 Sparks, Brad. 2016, p. 22.

Air Force Directorate of Intelligence였다. 당시 공군이 육군에서 독립하는 작업을 실무적으로 조율하는 작업을 하고 있던 조지 슐겐 준장Brig. Gen. George Schulgen이 이 문제를 해결해야 하는 위치에 있었다. 그는 FBI에 비행 원반 목격자들을 발굴하고 질의하는 데 있어서 도움을 줄 것을 요청했다.[13] 또 다른 한편으로 자신이 지휘하는 조직에도 비행 원반에 대한 정보를 모을 것을 명령했다. 여기에 투입된 사람은 '항공정보요건국 소속 수집처Air Force Office of Intelligence Requirement- Collection branch, AFOIR-CO'의 조지 가렛 중령George Garrett이었다.

AFOIR-CO는 보고된 비행접시 사례들 중 주목할 만한 것들을 추린 후 조사, 분석해 상부로 보고하는 임무를 수행했다. 1947년 7월, 가넷 중령은 주요 사례를 분석한 후 상황 보고서를 작성했다. 이 보고서에는 "그 물체들은 금속성으로 3~9대 정도가 초속 0.25km 이상의 빠른 속도로 편대 비행하며 둥글거나 타원형이며 바닥이 납작하고 위가 돌출된 돔 형태가 많이 보고된다"라고 돼 있었다.

가렛 중령의 보고서는 조지 슐겐에게 보고됐고 FBI와도 공유됐다. 이런 초기 보고서가 작성된 후 FBI는 그런 특성의 비행체가 미국 내에서 제작, 시험되는지의 여부를 커티스 르메이 장군Gen. Curtis Lemay에게 문의했다. 그가 당시 미 육군 항공대 연구 개발처를 맡고 있었기 때문이다. 르메이는 철저히 조사한 후 육군 항공대 내부에 당시 항공 기

---

13 Huyghe, Patrick. 1979., Photochart of USAF Leadership, October 1947(https://media. defense.gov/2013/Mar/26/2001329992/-1/-1/0/AFD-130326-006.pdf)

술을 능가하는 원반형 비행체 연구 개발 프로젝트가 존재하지 않는다는 것을 확인해 줬다.[14] 미 해군의 유사 비행체 개발과 관련한 조사 결과, 당시 미 해군 항공 운행 연구 부서의 책임자Naval Chief of Aeronautical Research였던 캘빈 볼스터Calvin Bolster는 미 해군에 그런 연구가 진행된 일이 없었다고 증언했다.[15] 결국 그 당시 미국의 어떤 항공 관련 국가 연구 부서에서도 보고된 바와 같은 고성능의 접시 형태의 비행체 연구는 이뤄지고 있지 않았던 것이다.

당시 UFO의 기술적 문제를 철저히 검토하고 있던 조직은 육군 항공 군수사령부Air Materials Command였다. 1947년 당시 사령관은 나산 트위닝Nathan Twining 소장이었는데, 그는 휘하 정보 부서인 항공기술정보센터Air Technical Intelligence Center, ATIC에 UFO 관련 정보를 수집하고 분석할 것을 명령했다.

이 정보 부서의 수장은 하워드 멕코이Howard McCoy 대령이었다. 그는 제2차 세계대전 직후 나치 독일의 항공 기술을 수거하는 작업을 진두지휘했던 항공 기술 및 정보 전문가였다. 대략 7월 중순경, 그의 지휘 아래 미 전역에서 쇄도되는 비행 원반 보고에 대한 분석이 이뤄졌다. 그는 먼저 비행 원반이 나치 독일의 항공 운행 기술로부터 파생됐을

---

14 Carey, Thomas J. & Schmitt, Donald R. 2019, p. 39.

15 Keyhoe, Donald. 1950, p. 44. 캘빈 볼스터는 1951년부터 1953년까지 미 해군의 모든 연구를 총괄하는 해상 연구 책임자Chief of Naval Research를 역임했다. Chief of Naval Research, Wikidepia 참조(https://en.wikipedia.org/wiki/Chief_of_Naval_Research)

가능성을 검토했다.[16]

맥코이는 비행 원반이 나치 기술과 관련돼 있다는 전제 아래 초극비 프로젝트가 미국의 국가 기관 어디선가 진행되고 있을 가능성을 검토했다. 그의 정보력이 미치지 않는 선에서 그럴 가능성은 있었다. 하지만 그가 수거해 온 미완성 상태의 원반형 비행체 기술이 불과 2년 만에 목격자들로부터 보고되는 것과 같은 엄청난 성능의 비행체를 만들어 냈을 것이라고는 전혀 믿을 수 없었다.

맥코이가 가능성을 높게 본 두 번째 안은 다른 초강대국에서 이런 놀라운 항공 무기 체계를 개발했다는 것이었다. 그리고 그 초강대국은 소련일 수밖에 없었다. 소련이 미국처럼 이런 나치 기술을 보유했을 정황은 충분했다. 하지만 역시 그들 또한 미국에서와 동일한 문제를 안고 있었을 것이다. 초기 개념 수준의 기술을 불과 2년 만에 실용화했다는 것은 믿기 어려웠다. 무엇보다도 보고된 바와 같은 뛰어난 운행을 하려면 적어도 당시 알려진 가장 강력한 원자력 에너지를 동력원으로 사용해야만 했다.[17] 그런데 그 시기에 미국이 유일한 원자력 기술 보유국이었다. 당시 미국에서 원자력을 핵폭탄 이외의 무기 체계에 적용하려는 실험이 이뤄지고 있었다. 이는 잠수함을 가동시키

---

16   Swords, Michael D. 2000, p. 32.

17   Swords, Michael D. 2000, p. 32, p. 34.

기 위한 것으로, 1954년에 이르러 실용화됐다.[18] 하지만 항공기에 탑재할 만큼 가볍고 작은 원자로 설계는 당시로써는 꿈과 같은 일이었으며 이는 오늘날도 마찬가지이다.[19]

비행 원반 조사 보고서

1947년 8월, 맥코이는 국방부 가렛의 상황 보고서를 바탕으로 군수사령부 자체 보고서를 작성했다. 이 보고서에 기술된 괴비행체의 형태는 대체로 가렛이 기술한 바를 그대로 따르고 있었다. 그리고 여기에 몇 가지 특성이 더 첨가됐다.

1947년 9월 18일, 육군 항공대가 공군으로 독립했다. 이런 체제 개편이 이뤄지던 시기, 정보 부서의 가장 중요한 현안 중 하나는 비행 원반에 대한 보고서를 정리, 보고하는 것이었다.

1947년 9월 23일, 미 공군 항공군수사령부 사령관 나산 트위닝이 미 공군 정보 실무 책임자 조지 슐겐에게 보내는 '트위닝-슐겐 메모

---

18 Sullivan, Michael. 2023.

19 Ruhl, Christian. 2019.

HEADQUARTERS
AIR MATERIEL COMMAND

TSDIN/TBN/lg/6-4100
WRIGHT FIELD, DAYTON, OHIO

SEP 2 3 1947

SUBJECT: AMC Opinion Concerning "Flying Discs"

TO: Commanding General
        Army Air Forces
        Washington 25, D. C.
        ATTENTION: Brig. General George Schulgen
        AC/AS-2

1. As requested by AC/AS-2 there is presented below the considered opinion of this Command concerning the so-called "Flying Discs". This opinion is based on interrogation report data furnished by AC/AS-2 and preliminary studies by personnel of T-2 and Aircraft Laboratory, Engineering Division T-3. This opinion was arrived at in a conference between personnel from the Air Institute of Technology, Intelligence T-2, Office, Chief of Engineering Division, and the Aircraft, Power Plant and Propeller Laboratories of Engineering Division T-3.

2. It is the opinion that:

   a. The phenomenon reported is something real and not visionary or fictitious.

   b. There are objects probably approximating the shape of a disc, of such appreciable size as to appear to be as large as man-made aircraft.

---

   (3) The possibility that some foreign nation has a form of propulsion possibly nuclear, which is outside of our domestic knowledge.

3. It is recommended that:

   a. Headquarters, Army Air Forces issue a directive assigning a priority, security classification and Code Name for a detailed study of this matter to include the preparation of complete sets of all available and pertinent data which will then be made available to the Army, Navy, Atomic Energy Commission, JRDB, the Air Force Scientific Advisory Group, NACA, and the RAND and NEPA projects for comments and recommendations, with a preliminary report to be forwarded within 15 days of receipt of the data and a detailed report thereafter every 30 days as the investi-

-2-
SECRET   U-39552

Basic Ltr fr CG, AMC, WF to CG, AAF, Wash. D.C. subj "AMC Opinion Concerning "Flying Discs"

gation develops. A complete interchange of data should be effected.

   4. Awaiting a specific directive AMC will continue the investigation within its current resources in order to more closely define the nature of the phenomenon. Detailed Essential Elements of Information will be formulated immediately for transmittal thru channels.

                                    N. F. TWINING
                                    Lieutenant General, U.S.A.
                                    Commanding

COPY
from
THE NATIONAL ARCHIVES
Record Group No. _____

SECRET
-3-   U-39552

RG 18, Records of the
Army Air Forces

AAG 000 GENERAL "C"

---

   c. There is a possibility that some of the incidents may be caused by natural phenomena, such as meteors.

   d. The reported operating characteristics such as extreme rates of climb, maneuverability (particularly in roll), and action which must be considered evasive when sighted or contacted by friendly aircraft and radar, lend belief to the possibility that some of the objects are controlled either manually, automatically or remotely.

   e. The apparent common description of the objects is as follows:-

       (1) Metallic or light reflecting surface.

SECRET   U-39552
SECRET

Basic Ltr fr CG, AMC, WF to CG, AAF, Wash. D. C. subj "AMC Opinion Concerning "Flying Discs".

       (2) Absence of trail, except in a few instances when the object apparently was operating under high performance conditions.

       (3) Circular or elliptical in shape, flat on bottom and domed on top.

       (4) Several reports of well kept formation flights varying from three to nine objects.

       (5) Normally no associated sound, except in three instances a substantial rumbling roar was noted.

       (6) Level flight speeds normally above 300 knots are estimated.

   f. It is possible within the present U. S. knowledge — provided extensive detailed development is undertaken — to construct a piloted aircraft which has the general description of the object in subparagraph (e) above which would be capable of an approximate range of 7000 miles at subsonic speeds.

   g. Any developments in this country along the lines indicated would be extremely expensive, time consuming and at the considerable expense of current projects and therefore, if directed, should be set up independently of existing projects.

   h. Due consideration must be given the following:-

       (1) The possibility that these objects are of domestic origin - the product of some high security project not known to AC/AS-2 or this Command.

       (2) The lack of physical evidence in the shape of crash recovered exhibits which would undeniably prove the existence of these objects.

트위닝-슐겐 메모

(https://en.m.wikipedia.org/wiki/File:Twining_Memo_of_Sept_23,_1947_-_page_2.gif)

Twining-Schulgen memo'가 작성됐다. 여기에는 비행 원반이 결코 환상이나 허구의 산물이 아니라 실재하며 기존의 비행체와 비슷한 크기의 원반 형태라고 밝히고 있다. 또한 극도의 상승 속도와 회전 시 뛰어난 기동력, 비행기나 레이더에 감지될 경우 회피하려는 특성을 보이기 때문에 누군가 직접 조종하거나 자동 또는 원격 조종되는 항공기일 가능성이 있다는 것이다.[20]

1947년 12월에 작성된 미 국방부 정보 부서의 보고서에는 그때까지 언급된 것보다 훨씬 놀라운 비행 원반의 비행 특성이 강조돼 있어 사실상 '독일-소련 비행체 가설'이 매우 부적절하다는 것을 보여 주고 있었다. 보고서는 이런 특성으로 그 비행체가 공중에서 거의 정지 상태를 유지한다거나, 엄청나게 빠른 속도로 사라진다거나, 흩어져 있다가 매우 빠른 속도로 모인다거나, 엄청나게 높은 곳에서 갑자기 뚝 떨어지듯이 나타나는 것을 꼽고 있다.[21] 모든 측면은 비행 원반이 미국이나 소련에서 제작된 항공기가 아니라는 방향을 가리키고 있었다. 미 국방부 정보 라인의 실무진에게 이는 매우 곤혹스럽고 난처한 결론이었다. 도대체 그렇다면 이 괴비행체들의 정체가 무엇이란 말인가? 사실 이 문제는 미 국방부의 수뇌부가 큰 관심을 가져야 할 사안이었다.

---

20 Twining-Schulgen memo, 1947. 09. 23. (http://luforu.org/twining-schulgen-memo/)

21 Swords, Michael D. 2000, p. 34.

chap
ter:
05

워싱턴 DC
UFO 사건

모든 사람이 하늘을 날아다니지만
정작 하늘에 대해서 아는 게 별로 없다네.
뉴욕 상공에 UFO들이 나타났지만
나는 별로 놀라지 않았지.
요즘 같은 날들이 올 거라고
아무도 말해 주지 않았어.
정말로 이상한 나날들이야.

– 존 레논의 노래 '아무도 말해 주지 않았어Nobody Told Me' 중에서

외계인이 미국을 침공한다면
어떻게 대처할 것인가?

1952년 8월 3일, 17살의 뉴저지 주 출신 시카고 대학 신입생이 당시 미 국무부 장관이었던 딘 애치슨Dean Acheson에게 편지를 썼다. 그 편지에는 'UFO가 만일 인류의 우주선과 핵무기 개발을 정탐할 목적으로 지구로 오는 외계인의 비행체라는 것이 밝혀진다면 미 정부는 어떻게 대처할 것이냐?'라는 당돌한 질문이 담겨 있었다. 또한 외계인과 어떻게 소통할 수 있는지, 이와 같은 위협적 상황에 처했을 때 다른 나라와 어떻게 공조해 대응할 것인지에 대한 답변을 요구하고 있었다. 편지 말미에서 그는 비록 외계인이 지구를 방문할 가능성이 '극도로 희박하다'라고 전제하면서도 만일 그런 상황이 벌어진다면 미국 정부가 어떤 대처 방안을 갖고 있는지 국무장관의 답변을 듣고 싶다고 했다.

당시 애치슨은 한국전쟁과 맥카시 청문회 그리고 중국에 대해 신경을 쓰느라 이 편지에 직접 답할 여유가 없었다. 결국 그 편지에 대한 답장이 국무부의 대민 업무국^{division of public liaison} 부국장 명의로 쓰여 그 학생에게 전달됐다. 이 답신에는 그동안 목격 보고서를 검토한 미 공군성^{Department of the Air Force}이 UFO가 외계에서 온 우주선이라는 어떤 증거도 발견하지 못했다는 점을 강조하고 있다. 따라서 순전히 가설적인 상황이므로 국무부가 그 학생의 질문에 대해 답변할 수 없다는 것이었다. 당시 UFO의 외계 기원설에 대해 일말의 가능성을 고려했던 그 학생의 이름은 칼 세이건^{Carl Sagan}이었다.[1] 그런데 세이건이 왜 하필 이때 이런 편지를 쓴 것일까?

UFO 문제는 미국 역사의 일부

영국 유학 시절이던 1997년, 케임브리지의 클레어 홀에서 저녁 만찬이 있었다. 이날 만찬은 그곳 칼리지의 방문 교수나 대학원생들의 저술을 전시하고 상호 관심사를 나누는 자리로 만들어졌다. 나는 《UFO 신드롬》을 전시했고 비록 그 책이 한국어로 쓰여 있어서 읽지는 못했지만, 이 자리에 참석한 학자들은 상당한 관심을 보였다. 그들 중 한 명은 특별한 관심을 보였는데, 그는 애리조나 주

---

1 Davidson, Keay. 1999, pp. 51~52.

립대학교의 인류학과 교수였다. 그는 UFO의 존재를 믿고 있었으며 특히 로스웰 사건에 대해 나름 독특한 해석을 했다.

우리나라에서 UFO는 가십거리에 지나지 않지만, 미국 사람들 중 상당수는 UFO 문제를 매우 심각한 정치적·사회적 문제로 본다. 특히 미국 정부가 국민들에게 뭔가 숨기고 있다고 생각하고 이런 행위는 국민의 알 권리를 침해하는 것이라고 생각하는 민주당원들은 UFO 문제에 상당히 민감한 편이다. 미국 대선 캠페인에서 민주당 후보들이 종종 UFO 기밀 해제를 공약으로 내세우는 데는 그럴 만한 이유가 있다.

사실 제2차 세계대전 이후 신설된 미국의 CIA와 FBI가 처음 직면했던 난제가 바로 UFO에 대한 대중적 믿음을 와해시키는 것이었다. 그들에게는 UFO야말로 긴 세월동안 골머리를 앓을 수밖에 없게 한 매우 중요한 이슈였던 것이다.

UFO 문제가 미국에서 진짜 역사의 한 페이지로 각인된 것은 1952년 7월, 수도 워싱턴 DC 상공에 UFO 편대의 대대적인 침공이 일어나면서부터이다. 대학생 시절 칼 세이건이 미 국무 장관에게 UFO에 대한 편지를 쓰게 된 것은 바로 이 사건에 큰 자극을 받았기 때문이다. 지금부터 1952년 여름 워싱턴 DC에서 벌어졌던 사건을 살펴보고 이 사건이 어떻게 설명됐는지 알아보자.

1952년 7월 19일, 워싱턴 DC 1차 UFO 사건

워싱턴 DC는 철저한 계획 아래 건설된 미국의 행정 수도이다. 따라서 백악관은 이 도시에 위치한다. 만일 어떤 미확인 비행체가 워싱턴 DC를 침공한다면 이는 미국 안보에서 매우 중요한 사태가 벌어졌다는 것을 의미한다. 그런데 1952년 여름 그런 일이 정말로 현실로 나타났다. 그것도 두 차례에 걸쳐서….

1952년 7월 19일 늦은 밤, 워싱턴 국립공항의 항공 관제 요원 에드 뉴젠트Ed Nugent는 레이더 스크린상에 7개의 보랏빛 표적들이 나타난 것을 봤다. 비행기일 수는 없었다. 당시 그 위치에 그 어떤 비행기도 있어서는 안 됐기 때문이다. 그는 그의 상관이자 국립 항공 관제탑 책임자the head of National's air traffic controllers인 해리 반즈Harry Barnes에게 이 사실을 보고했다. 같은 시각 유리로 둘러싸인 관제탑 맨 위층에서 근무하던 조 잭코Joe Zacko도 그의 레이더 스크린에서 깜박거리는 이상한 표적을 봤다. 그것은 새도, 비행기도 아니었다. 도대체 그것은 무엇일까? 그는 창 바깥쪽을 내다봤고 하늘에 떠 있는 밝은 광채를 내는 물체를 목격했다. 그는 옆자리에 앉아 있는 동료 하워드 콕클린Howard Cocklin에게 이 사실을 알려 그도 목격에 동참하도록 했다.[2] 그는 관제탑의 창 밖

---

2 Carlson, Peter. 2002a.

에서 청백색 빛을 발하는 옆 날개나 꼬리 날개 그리고 뾰족한 선단 등이 존재하지 않는 둥근 접시 형태의 비행체가 공중에 떠 있는 것을 봤다.[3] 그러는 동안, 그 불빛은 엄청난 속도로 그들 시야에서 사라졌다.

워싱턴 국립공항 상공의 이상한 불빛은 그 시각에 근처를 지나던 비행기 승무원들도 목격했다. 그 불빛은 불규칙적으로 움직였다. 이 물체들은 감속과 가속을 반복하다가 급정지해 멈추더니 감쪽같이 시야에서 사라져버렸다. 이 목격 내용은 레이더에서 감지되는 것과 맞아떨어졌다.

워싱턴 국립공항 항공 관제탑 책임자인 해리 반즈[Harry Barnes]는 인근의 앤드류 공군 기지와 볼링 공군 기지 레이더 책임자들에게 연락했고 그들도 비슷한 표적들을 동일한 위치에서 포착했다는 것을 확인했다. 또 인근을 비행 중이던 캐피털 에어 항공사 소속 전세기 807편의 조종사 케이지 피어먼[Casey Pierman]에게 확인한 결과, 그는 마치 유성처럼 빠르게 날아가는 6개의 불빛을 목격했다고 응답했다. 피어먼은 당시 17년 조종 경력의 베테랑 조종사였다.[4]

---

3   Carlson, Peter. 2002b.

4   Carlson, Peter. 2002a.

F-94 요격기
편대 출격

레이더 총책임자 해리 반즈는 항공방위사령부에 요격기의 긴급 출동을 요청했다. 앤드류 공군 기지가 그 미확인 비행체들에서 가장 가까운 곳에 위치하고 있었지만, 당시 활주로 수리 중이었기 때문에 뉴캐슬공군 기지에서 F-94 제트기 2대가 출격했다. 이들은 워싱턴 DC 상공에 접근해 항공운항관제센터의 유도를 받아 목표 물체에 접근했다. 하지만 그곳에 도착할 즈음, 표적들은 레이더상에서 감쪽같이 사라졌으며 조종사들은 그곳에서 아무것도 보지 못했다. 이때 지상의 목격자들은 이상한 불빛이 불규칙적으로 운행하는 것을 목격했으며 몇몇 불빛은 백악관 상공에서 춤을 췄다. 이날 워싱턴 국립공항의 레이더에는 밤새도록 UFO가 포착됐다. 어느 때는 공항에 설치된 3대의 레이더뿐만 아니라 메릴랜드 주 앤드류스 공군 기지에서도 워싱턴 근처 상공의 UFO를 탐지했다.

〈뉴욕 타임스〉의
1952년 7월 21일 보도

이 사건이 일어난 직후, 1952년 7월 21일자 〈뉴욕 타임스〉는 공군의 발표를 근거로 '워싱턴 근처에서 조종사들과 레이더

Flying Objects Near Washington Spotted by Both Pilots and Radar

Air Force Reveals Reports of Something, Perhaps 'Saucers,' Traveling Slowly But Jumping Up and Down

1952년 7월 21일자 <뉴욕 타임스>의 UFO 관련 기사 타이틀
(https://www.nytimes.com/2018/08/03/science/UFO-sightings-USA.html)

에 동시 포착된 비행 물체들: 미 공군이 천천히 움직이지만 위 아래로 날뛰는 '비행접시'로 보이는 뭔가에 대한 보고서들을 공개하다'라는 제목의 기사를 내보냈다. 이 기사는 미 공군이 미국의 수도 영공에 새로운 형태의 비행접시인 '미확인 공중 물체들'의 기괴한 방문에 대한 보고들을 받았다고 발표했다고 전했다. 그리고 '지금까지 보고된 바에 따르면, 최초로 그 물체들이 레이더에 포착됐다For the first time, so far has been reported, the objects were picked up by radar'라고 하면서 그것이 단지 빛이 아니라 어떤 실체성이 있는 존재substance라는 것을 가리키고 있다고 쓰고 있다. <뉴욕 타임스>가 이 날 보도에서 워싱턴 DC 상공에서 처음으로 레이더에 UFO가 포착됐다고 보도한 것은 미 공군이 최초로 언론에 UFO의 레이더 포착 사실을 밝혔기 때문이다. 이미 1947년부터 레이더에 UFO가 포착되고 있었지만, 미 공군은 이런 사실을 철저하게 대중에게 숨겨왔던 것이다.

한 가지 재미있는 사실은 당시 미 공군이 요격기 출격을 언론에 숨겼다는 점이다. <뉴욕 타임스>는 이 기사에서 미 공군의 요격기 출격이 없었고 '오퍼레이션 스카이워치Operation Skywatch'라는 지상 목격 프로그램을 통해 목격된 바도 없다고 쓰고 있다. 그러면서 미 공군이 단지 예비 보고서만 받았으며 왜 요격 시도가 없었는지 알지 못한다고 했다고 밝히고 있다.[5] 결국 이 기사가 나가고 며칠도 지나지 않아 요격기 출격이 있었다는 것이 밝혀졌다.

1952년 7월 26일, 워싱턴 DC 2차 UFO 사건

UFO들의 출현은 그 다음 주에도 계속됐다. 1952년 7월 26일 밤 9시 8분경, 민간 항공 관리국Civil Aeronautics Administration 소속의 항공로교통센터Air Route Traffic Center의 레이더가 워싱턴 상공에서 4~12대의 미확인 비행체를 포착했다.[6] 이 괴비행체들 중 하나는 무려 초속 3km 이상의 속도를 기록했다. 음속의 9배가 넘는 속도였다.[7] 밤 10시 30분경, 워싱턴 항공운항관제센터 레이더에도 UFO가 탐지됐다. 당시 미 공군의 UFO 전담팀이었던 프로젝트 블루 북Project Blue Book에서는 레이더 전문가들인 듀이 포넷Dewey Fournet 소령과 존 홀컴John Holcomb 중위를 국제 공항 관제탑으로 파견했다. 그들은 관제탑 레이더 스크린상에 12개의 표적이 나타난 것을 확인했다. 여름날 워싱턴 상

5   Associated Press. 1952a.

6   Associated Press. 1952b.

7   Ruppelt, E. J. 1956, p. 159.

공에서는 기온 역전 현상이 종종 일어났고 이 경우 레이더 신호가 대기층으로부터 반사될 수 있었다. 하지만 두 전문가들은 최소한 표적 몇 개는 견고한 금속체에서 반사되는 신호라고 확신했다.

밤 11시경, 공군사령부의 긴급 명령으로 F-94 제트기 2대가 뉴캐슬 기지에서 출격했다. 레이더 기지의 유도를 받아 문제의 위치로 접근하자, UFO는 지난번처럼 레이더상에서 감쪽같이 사라져버렸고 조종사들은 아무것도 목격하지 못한 채 기지로 돌아와야만 했다. 그러자 마치 기다리기라도 한 듯이 레이더에 표적들이 다시 나타났다.

이 시각 워싱턴 DC 인근 뉴포트 뉴스에 거주하는 다수의 시민들로부터 UFO를 목격했다는 보고가 공군에 쇄도하기 시작했다. 이들의 보고는 한결같이 밝은 불빛이 회전하면서 오색찬란한 빛을 번갈아 방출한다는 것이었다. 그로부터 몇 분 후 버지니아 주 랭글리 공군 기지에서 이상한 불빛이 목격돼 요격기가 출격했다. 요격기 조종사는 레이더 요원의 유도에 따라 UFO 쪽으로 향했다. 드디어 불빛을 목격한 조종사가 접근하려는 순간, 마치 누군가가 전등을 끈 것처럼 그의 시야에서 UFO가 사라져버렸다. 레이더에서도 UFO가 없어졌다. 할 수 없이 요격기는 랭글리 기지로 복귀했다.[8]

---

8 Ruppelt, E. J. 1956, p. 165.

F-94 요격기 편대의
UFO 추격

워싱턴 DC 인근 상공에서 UFO들의 출몰이 지속되자, 다음날 새벽 1시 30분경 또다시 F-94 요격기 2대가 뉴캐슬 기지에서 긴급 출격했다. 이번에는 제트기들이 그 물체에 바싹 접근했는데도 레이더 화면에서 표적이 사라지지 않았다. 마침내 조종사들도 그 이상한 불빛들을 목격할 수 있었다. 한 제트기가 UFO들을 추격하기 시작했다. 자세히 관찰할 수 있을 정도로 충분히 가까이 다가가자, 그것들은 제트기보다 훨씬 빠른 속도로 멀찌감치 달아나버렸다. UFO들을 추격했던 조종사 윌리엄 패터슨^{William Patterson}은 당시 상황을 다음과 같이 설명했다.

"나는 300m 아래의 위치에서 그 미식별 항공기들을 따라잡으려고 노력했습니다. 가능한 최고 속력을 냈어요. …(중략)… 하지만 그것들을 따라잡을 수 없다는 사실을 확인하고는 추적을 포기했죠."[9]

---

9 Kelly, John. 2012.

1952년 7월 27일자
〈뉴욕 타임스〉와
〈워싱턴 포스트〉의 관련 보도

이 사건은 미전역 대부분 신문에 보도될 정도로 미국을 발칵 뒤집어 놓았다. 1952년 7월 27일자 〈뉴욕 타임스〉는 "'물체들(UFOs)'이 수도 상공에서 제트기들을 앞지르다Objects' Outstrip Jets Over Capital"라는 제목의 기사를 내보냈다. 제목에서 암시하듯이 이번 기사에서는 2대의 요격기 출격이 있었다는 공식적인 확인이 있었다. 이들중 한 대가 자신보다 조금 상방 위치로 약 15km 쯤 떨어진 곳에 4개의 빛을 목격했다는 미 공군의 공개 내용이 소개됐다. 이 조종사가 그 물체들에 다가가려고 했지만, 결코 도달할 수 없었다는 것이 이 기사의 핵심적 내용이었다. 결론적으로 〈뉴욕 타임스〉는 레이더에 포착되고 조종사 눈에도 보인 그 물체들이 빛이 아니라 어떤 실체적인 존재들이라는 지난 번 기사 내용을 재강조하고 있다.

같은 날 워싱턴 DC에 본부를 둔 〈워싱턴 포스트〉도 워싱턴 상공에 출현한 UFO에 대한 공군 발표 내용을 인용 보도했다. 이 신문은 그 물체들이 미국의 안보에 어떤 위협도 되지 않는다는 국무부 대변인의 말을 인용 보도했다. 대변인은 UFO가 외계에서 왔다는 가설을 완전히 부인할 수는 없지만, 그것이 아직까지 알려지지 않은 새로운 종류의 물리 현상일 것이라고 말했다. 하지만 7월 28일자 〈워싱턴 포스트〉의 기사는 '비행접시가 제트기보다 빨랐다고 조종사가 폭로했

UFO가 요격기보다 빨랐다는 조종사의 증언을 1면 타이틀로 다룬
1952년 7월 27일자 〈워싱턴 포스트〉

다.'라는 자극적인 제목을 달고 있었다.[10]

1952년 7월 말, 미 전역의 언론들은 백악관 상공에 나타난 UFO들과 이를 추격한 요격기 이야기를 커버스토리를 다루면서 그런 사건들이 일어나지 않았더라면 중요한 화제가 됐을 한국전쟁이나 대선 캠페인 기사를 구석으로 밀어냈다. 사태의 심각성을 깨달은 트루먼 대통령은 관련 부처들에 워싱턴 DC 상공을 침범한 그 괴물체들의 정체를 밝힐 것을 요구했다.[11]

제2차 세계대전 이후 최대 규모의 기자 회견

7월 중순부터 미 국방부는 언론과 국회위원들의 질문 공세에 시달렸다. 펜타곤의 모든 회선은 UFO에 대한 질의 전화로 마비될 정도였다. 7월 29일, 마침내 공군 관계자들은 제2차 세계대전 이래 미국에서 개최된 회견 중 가장 오랜 시간 동안 그리고 가장 규모가 큰 합동 기자 회견을 열었다.

---

10 Associated Press. 1952., Sampson, Paul. 1952b.

11 Carlson, Peter. 2002b.

1952년 7월 29일에 개최된 미 공군의 워싱턴 DC 상공 UFO 출현 관련 기자 회견 모습. 오른쪽에 앉아 있는 사람이 존 샘포드 소장이고 왼쪽에 앉아 있는 사람이 로저 레이미 소장이다. 이 두 사람 뒤쪽에 서 있는 사람이 프로젝트 블루 북 책임자였던 에드워드 루펠트 대위이다.(https://www.nytimes.com/2018/08/03/science/UFO-sightings-USA. html)

 기자 회견에는 공군 정보부장인 존 샘포드John Samford 소장, 항공방위
사령관 로저 레이미Roger Ramey 소장, 항공기술정보센터Air Technical Intelligence
Center, ATIC의 기술분석팀장 도널드 바우어스Donald Bowers 대령 그리고 미
공군 UFO 전담팀 프로젝트 블루 북 책임자 에드워드 루펠트Edward
Ruppelt 대위가 참석했으며 그 밖에 몇몇 민간인 기술자와 레이더 전문
가들이 동석했다.

 이 기자 회견은 미 전역에서 모인 매우 명석한 기자들을 상대로 해
야 하는 어려운 임무였다. 도대체 어떤 설명을 내놓아야 이들의 날카
로운 질문을 충족시킬 수 있을까? 샘포드와 그의 참모들은 많은 고민
을 했고 논의를 거듭했다. 엄청난 속도와 비행 능력을 보이며 레이더
에도 포착되는 이런 실체가 분명해 보이는 물체들을 뭐라고 설명해
야 할까? 이런 특별한 비행체에 대해서는 매우 특별한 답이 주어져야
만 했다. 빠져나갈 구멍은 하나뿐이었다. 저명한 하버드 대학 천문학
과 교수의 '기온 역전 이론'이 바로 그것이었다.[12] 샘포드 장군은 기
자 회견장에서 워싱턴 상공에 나타난 괴비행체들이 다름 아닌 기온
역전 현상에서 비롯된 것이라고 해명했다. 따라서 그는 어떤 종류의
UFO도 국가 안보에 위협이 되지 않는다고 강조했다.

---

12 Keyhoe, Donald. 1953. p. 72.

기자 회견 후
〈뉴욕 타임스〉의 반응

이 기자 회견은 여론을 진정시키는 데 도움이 됐다. "공군이 비행접시를 단지 자연 현상일 뿐이라고 해명하다. Air Force Debunks 'Saucers' As Just 'Natural Phenomena'"라는 제목으로 쓰인 7월 29일자 〈뉴욕 타임스〉는 지난 6년 간 모은 수천 건의 사례를 종합해 볼 때 비행접시가 특별한 그 무엇이 아니라는 샘포드의 주장을 긍정적인 어조로 소개했다. 이 신문은 레이더의 성능이 충분하지 못해 새떼나 장식용 반짝이 종이 리본들ribons of tinsel, 셀로판지cellophane 그리고 심지어 비를 구분하지 못한다고 지적했다. 이에 덧붙여 앞으로의 UFO 연구 목적은 아직 알려지지 않은 천문 기상 현상에 대한 보다 많은 지식을 얻기 위한 것이라는 샘포드 장군의 견해를 소개했다.

샘포드 장군이 워싱턴 상공 UFO에 대해 설명한 내용의 핵심은 '기온 역전 현상'이었지만 〈뉴욕 타임스〉는 당시 전문가들에게조차 생소한 이런 용어를 사용하지 않고 단지 '반사' 정도의 표현만을 사용했고 이보다 대중들이 이해하기 쉬운 다른 원인들을 주로 열거했다.[13]

그렇다면 매스컴이 1952년 워싱턴 DC UFO 소동에 대한 미 국방부 해명에 모두 〈뉴욕 타임스〉처럼 긍정적이었을까? 그렇지는 않았다. 그 이후에도 언론의 관심은 줄어들지 않았으며 1952년 하반기 동안

---

13 Stevens, Austin. 1952.: Jacobs, David M. 1975, p. 71.

미국의 148개 신문사에서 1만 6,000여 번이나 UFO 기사를 다뤘다.[14]

1952년 7월 워싱턴 DC UFO 소동의 의문점

워싱턴 상공의 UFO에 대한 샘포드의 설명이 과연 적절한 것이었을까? 그해 여름 워싱턴에서 수차례 기온 역전이 일어난 것은 사실이다. 하지만 진짜 타깃과 혼동될 만큼 레이더 반향을 일으킬 정도의 기온 역전은 새벽녘 정도가 돼서도 일어나지 않았다(기온 역전이 충분히 진행되려면 밤 시간 동안 지표에서 충분한 장파장 복사가 일어나야 한다). 7월 26일 밤 항공로교통센터 레이더에 최초로 UFO들이 포착된 시각인 9시 8분경에는 기온 역전이 일어날 가능성이 사실상 제로였다.

요격기들이 출동해 추격전을 벌이던 시각인 11시 25분경에는 펜타곤 연락책인 포네트 소령이 워싱턴 항공운항관제센터의 레이더 화면을 주시하고 있었다. 이때 레이더 장치의 기온 표적에는 약 1℃ 정도의 기온 역전이 표시돼 있었다. 이 정도 온도차는 레이더 반향음

14 Jacobs, David M. 1975, pp. 61~88.

을 혼동시킬 정도가 아니었다. 당시 관제센터 요원들은 자신들이 실제 타깃에 따른 반향과 약한 기온 역전에 따른 것은 매우 쉽게 구분할수 있다고 하면서 그들이 실제의 견고한 타깃들을 잡았다고 자신했다. 당시 미 공군 UFO 전담팀 소속 레이더 전문가들인 듀이 포넷Dewey Fournet 소령과 존 홀컴John Holcomb 중위 또한 이와 비슷한 의견을 표명했다. 그들은 워싱턴 국립공항 관제탑 레이더 스크린상에 나타났던 12개의 표적들 중 적어도 몇 개는 절대적으로 기온 역전 현상과는 무관하며 견고한 금속체에서 반사되는 신호라고 확신했다.[15]

이와 같은 레이더 전문가들의 견해와 함께 그날 나타난 UFO들이 기온 역전과 같은 자연 현상이 아니라는 또 다른 정황적 증거가 있었다. UFO가 지능적 행동을 했다는 점이 바로 그것이다. F-94 제트기 2대가 접근하자, UFO가 레이더상에서 사라져버려 기지로 귀환했는데 그러자 마치 기다리기라도 한 듯 레이더에 표적들이 다시 나타났다. 이런 지능적인 움직임은 그 표적들이 자연 현상이 아니라는 것을 가리키고 있었다.[16]

---

15 Ruppelt, E. J. 1956, p. 166.

16 Jacobs, David M. 1975, p. 77.

chapter: 06

레이더-
비주얼 사례

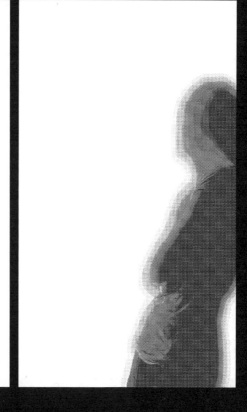

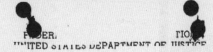
　　　　　1956년 8월 밤 9시 30분경, 영국 서포크 벤트워터즈에 주둔하고 있던 미 공군 기지 레이더에 기지 쪽으로 매우 빠르게 다가오는 괴비행체가 포착됐다. 또 몇몇 비행체가 천천히 북동쪽으로 날아가다가 하나로 합쳐져 굉장히 큰 반향 신호를 내기도 했다. 훈련기가 출동해서 확인하려 했지만, 아무것도 볼 수 없었다.

　　1시간 30분쯤 후 동쪽에서 기지 쪽으로 초속 0.9~1.8km(음속의 2.5~5배) 속도로 날아오는 물체가 레이더에 포착됐다. 그것은 기지 상공을 지나쳐 서쪽으로 향했다. 이때 기지에서는 밝은 흰빛을 발하는 비행체를 목격했고 당시 인근을 지나던 C-47기 조종사도 자신의 비행기 아래로 지나가는 이 비행체를 봤다. 이 괴비행체는 64km 떨어진 레이큰히스 영국 공군 기지에서도 육안으로 목격됐다.

– 1956년 8월 13일 영국 서포크 벤트워터즈-레이큰히스 UFO 사건 기록 중에서
(https://en.wikipedia.org/wiki/Lakenheath-Bentwaters_incident)

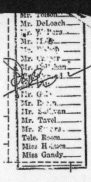

영국 서포크 주 벤트워터즈에 있는 미 공군 기지 전경

Approved: _____ Sent _____ M Per _____
Special Agent in Charge

Examination completed 4:008m. 5/28/70 Dictated 6/1/70
Time   Date   Date

최초의
레이더 발명

연속파continuous wave, CW를 이용해 비행기를 포착하는 기술은 1930년 워싱턴 DC 인근에 위치했던 미 해군연구소US Naval Research Laboratory, NRL의 연구자들에 의해 우연히 발견됐다. 그들은 3km쯤 떨어진 볼링 비행장에 착륙해 있던 비행기로부터 발신되는 전파를 수신하는 실험을 하고 있었는데, 그 비행기 위로 다른 비행기가 지나갈 때마다 이상한 신호가 수신됐다. 그들은 곧 그 두 번째 비행기에 반사된 신호가 그들 수신기에 포착된다는 사실을 알게 됐다. 이런 사실을 확인한 그들은 1932년에 80km 떨어진 비행기를 반사파로 인식하는 데 성공했다. 하지만 이 기술이 실용성이 있으려면 보다 먼 거리의 비행기로부터 반사되는 전파를 포착하는 기술이 필요했다. 1936년 연속파 대신 약 30MHz 정도의 펄스파를 사용해 비행기를 식별하는 방법이 제안됐고 이 기술로 1937년 전쟁부 장관Minister of the War Department이 보는 앞에서 1.8km 상공을 날아가는 15대의 비행기 중에서 13대를 포착해낼 수 있다는 것이 입증됐다. 1939년에 이르러서는 약 200MHz에서 구동되는 레이더 시스템인 SCR-270의 실전 배치가 결정됐다. 당시 미 육군에서 이것을 '무선 위치 추적 발견radio position finding, RPF' 장치라고 불렀지만, 1942년 미 해군에서 이를 '무선 탐지 및 거리 측정radio detection and ranging, RADAR' 이라고 부르기 시작했다.[1]

레이더의
실전 활용

제2차 세계대전 때 미국에서 레이더가 실전에서 중요하게 활용된 예는 없다. 하지만 영국에서는 나치 독일의 공습을 막아내는 데 중요한 역할을 했다. 펄스파를 이용한 레이더에 대한 아이디어는 영국이 미국보다 1년 앞섰다. 1934년 영국 정부는 히틀러가 무려 4000여 대나 되는 폭격기를 보유한 공군력을 갖추는 것이 멀지 않았다는 첩보를 접했다. 당시 영국은 600여 대의 전투기를 보유하고 있었다. 단기간에 전투기를 만드는 것이 불가능했으므로 영국 정부는 나치 독일 비행기를 격퇴시킬 획기적인 방법을 찾고 있었다. 그리고 1935년 초에 그들이 생각해낸 방법은 전자기파를 활용해 적기를

---

1 DeGering, Randall et al. 2018.

파괴시키거나 최소한 조종사를 무력화시키는 것이었다. 그리고 무선연구소의 실무 책임자였던 로버트 왓슨-와트 Robert Watson-Watt는 이런 방법을 실용화시키는 가능성을 검토하는 일을 맡게 됐다. 하지만 왓슨-와트는 이런 방법이 당시 기술 수준으로는 비현실적이라는 결론에 도달했고 그 대신 펄스파를 이용해 적기의 위치를 조기 판별하는 방법을 내놓았다. 그리고 그해 봄 그의 팀은 6MHz에서 작동되는 펄스파 레이더 개발에 성공했다. 그들은 이 장비를 '무선 방향 발견 radio direction finding, RDF' 장치라고 명명했다. 보다 개량한 후 이 장비는 영국의 도버 해협에 체인 형태로 설치됐고 독일의 공습을 미리 확인하고 대처하는 데 결정적인 역할을 했다.

적기 출현 시 레이더에 나타난 정보를 바탕으로 각 지역을 담당하는 부대에 비상 출격 명령이 내려졌으며 레이더를 통해 정확히 적의 위치와 수효를 파악하고 있었기 때문에 영국군은 적재적소에 적당한 수의 편대를 배치할 수 있었으며 거의 모든 독일 편대가 요격당했던 것이다.[2]

---

2 Lynch, Justin Roger. 2019.

길필런 브러더스 사에서 제작한 CGA 시스템
(https://www.microwavejournal.com/articles/print/9263-microwaves-in-the-land-of-sun-and-honey)

전후 미국에서의
레이더 개발

미 해군연구소에서 개발된 레이더의 목표는 제2차 세계대전이 끝날 무렵 나치나 일본의 비행기를 조기에 탐지하기 위한 레이더 기술 개발이었다. 이런 기술 개발을 위해 케임브리지와 보스턴의 MIT와 하버드대에 '레디에이션 랩Radiation Lab.'이 설치돼 운영됐는데, 당시의 주요 관심사는 레이더의 포착 범위와 포착된 목표물 분석 향상이었다.

제2차 세계대전이 종결되던 시점의 미국 레이더 수준은 이 두 가지 모두 문제가 있었기 때문에 냉전 상대국인 소련으로부터 날아오는 미사일이나 제트기를 제대로 포착할 수 있을 만큼 충분한 수준의 레이더 장치 개발이 급선무였다. 그리고 1947년경부터의 UFO 출현 또한 레이더의 성능을 개선할 필요성을 부각시켰다.[3]

한편 레이더는 항공기 통제에도 매우 요긴하다는 사실이 부각됐다. 1942년부터 미군에서는 길필란 브라더스 사Gilfillan Brothers, Inc.와 계약을 맺고 레이더 장치로 비행기 착륙을 도와주는 '지상 접근 통제ground control approach, GCA' 시스템을 개발하도록 했다. 이 시스템은 전시에 시야가 불량한 기상 조건에서 미군 비행기가 안전하게 착륙하는 것을 용이하게 해 주는 역할을 했다.

---

3 Sword, Michael D. et al. 2012, p. 104.

GCA는 좌우와 상하로 주사되는 연필 두께의 얇은 전자파 펄스 빔으로 접근하는 비행기 위치를 파악해 그 비행기 조종사에게 실시간으로 알려 줌으로써 공항 활주로에 제대로 착륙할 수 있도록 유도하는 용도로 고안됐다. 관제소에서는 발사된 9,000MHz의 펄스파가 반사돼 오는 신호를 포착해 비행기 조종사에게 착륙 지시를 내렸다. GCA에는 또한 공항 터미널 전체를 주사하는 레이더 장치도 포함돼 있었다. 제2차 세계대전이 끝날 무렵, CGA는 공항으로부터 약 50km 거리에 접근하는 고도 3km 이내의 비행기를 포착할 수 있는 성능을 갖추고 있었다.

1947년부터 워싱턴 국립공항에서 GCA의 성능 테스트와 개조가 이뤄졌으며 1952년 1월에 민간항공관리국Civil Aeronautics Administration에서 비행기 이륙 제어에 레이더를 사용하기 시작했다. 그리고 그해 7월부터 레이더가 비행기 이·착륙 통제에 모두 사용되기 시작했다.[4] 그 해 7월, 워싱턴 DC 상공의 UFO 출현은 마치 '누군가가 미국에서 최초로 본격적으로 가동되기 시작한 워싱턴 국립 공항의 레이더 장비 성능 테스트를 하려는 것이 아닐까?' 하는 의구심이 들게 할 정도였다.

---

[4] When Radar Come to Town.
(https://www.faa.gov/sites/faa.gov/files/about/history/milestones/radar_departure_control.pdf)

레이더-비주얼 사례

미 공군의 UFO 조사 분석팀이 출범한 것은 1948년
부터이다. 이 시기에 미 육군 항공대는 육군에서 독립해 미 공군으로
재탄생했다. 이러한 과도기 상황에서 정리해야 할 많은 산적한 문제
가 있었는데, 그중에서도 UFO 문제는 가장 중요한 이슈 중 하나였
다. 그래서 코드명 '프로젝트 사인'을 부여받은 UFO 전문 조사팀이
구성됐는데, 비록 이들이 항공 분야 전문가들이기는 했지만, 천체 현
상과 UFO를 분간해낼 수 있는 전문가의 도움이 필요했다. 그래서 이
분야의 자문역으로 섭외된 사람이 바로 알렌 하이네크Allen Hynek 였다.
그는 당시 오하이오 주립대 천문학과 교수로, 콜럼버스에 있는 맥밀
린 천문대MacMillin Observatory의 책임자였다. 미 공군 UFO 전담팀이 오하
이오 주의 라이트-패터슨 공군 기지Wright-Patterson Air Force base에 설치돼 있
었기 때문에 그가 가장 가까운 곳에서 활동하는 천체 관련 전문가였
던 것이다.[5]

하이네크 박사는 초창기에 UFO 문제에 상당히 비판적인 태도를
갖고 있었다. 하지만 1952년부터 코드명이 '프로젝트 블루 북'으로
바뀐 미 공군 UFO 전담팀이 해체되던 1969년경, 그의 태도는 크게
달라져 있었다. 그는 1972년에 《UFO 체험》이라는 책을 썼는데, 이
책에서 그는 비교적 원거리에서 목격된 UFO 현상을 '야간 불빛Noctual

---

5 Franch, John. 2013.

Light', '주간 원반체Daytime discs' 그리고 '레이더-비주얼Radar-Visual' 사례로 대별해서 기술했다. 이 중에서 '야간 불빛' 사례를 UFO로 판정하기 가장 힘들고, '레이더-비쥬얼' 사례는 가장 확실한 UFO라고 볼 수 있다고 규정했다.[6] 따라서 하이네크 박사의 기준으로 보면 1952년 워싱턴 DC 상공의 UFO 사례는 매우 중요한 것이었다. 하지만 하이네크 박사와 함께 미 공군 UFO 자문을 맡았던 하버드 대학 천문학과 도널드 멘젤Donald Menzel 교수는 그렇게 생각하고 있지 않았다.

레이더에 포착되는 UFO를 설명하는 도널드 멘젤의 기온 역전층 이론

워싱턴 DC UFO 사건이 터지기 한 달 전 하버드 대학 천문학과 교수로 당시 미 공군 UFO 조사팀의 자문을 맡고 있던 도널드 멘젤 박사는 〈타임〉과 인터뷰를 했다. 그는 UFO의 주요 특성이 자유자재로 지그재그식 고속 운행을 하면서도 소리가 나지 않는다는 점이라고 지적했다.

그는 또한 목격자들이 봤다고 주장하는 중요한 UFO 사례는 단지

---

6 Hynek, J. Allen. 1972, p. 36. p. 70.

불빛의 오인에 다름 아니라고 말했다. 그는 대기 중에서 초속 수 km 에서 움직이면서 대기 마찰로 녹지 않고 소리도 내지 않는 그런 비행체는 존재할 수 없다고 단언했다. 또 그런 비행체 안에 누군가가 탑승하고 있다면 높은 가속도로 인해 즉사할 것이라고 지적했다. 이런 모든 특성을 만족시키는 것은 물질로 이뤄지지 않은 그 어떤 것이라고 가정하면 매우 간단히 설명될 수 있다고 하면서 야간에 목격되는 UFO는 모두 불빛이라고 주장했다.[7]

그렇다면 레이더에 포착되는 UFO는 도대체 어떻게 설명할 것인가? 레이더 장비는 견고한 물질로 이뤄진 비행체를 탐지하기 위해 개발됐다. 따라서 UFO가 레이더에 포착된 많은 사례는 그것이 견고한 물질로 이뤄졌다는 것을 의미하지 않는가?

멘젤은 〈타임〉과의 인터뷰를 마친 후 일주일 후에 〈룩Look〉이라는 대중지와의 한 인터뷰에서 이 문제를 언급했다. 이 인터뷰에서 그는 레이더에 포착되는 모든 물체가 반드시 견고한 것은 아니라고 지적했다. 그는 이를 보여 주기 위해 유리 실린더에 벤젠을 반쯤 채우고 그 위에 아세톤을 부었다. 아세톤은 벤젠보다 훨씬 가볍기 때문에 두 액체는 섞이지 않고 두 물질 사이에는 경계 면이 형성된다. 멘젤은 이 실린더에 빛을 비춰 경계 면에서 빛이 아래쪽으로 꺾이는 것을

---

7 An Astronomer's Explanation: Those Flying Saucers. Time Magazine, June 09, 1952. (https://content.time.com/time/subscriber/article/0,33009,806457,00.html)

대담자에게 보여 줬다. 그는 이런 실험을 통해 비록 기체이긴 해도 이
와 비슷하게 서로 상이한 온도의 대기층이 맞닿아 있을 때 그 경계 면
으로 빛과 같은 전자기파인 레이더 신호가 아래로 꺾여서 마치 견고
한 물체를 포착한 것과 같은 효과를 일으킬 수 있다고 설명했다. 즉,
견고한 물질로 이뤄진 UFO란 존재하지 않으며 레이더에 포착되는
UFO는 기온 역전층에 반사된 신호에 불과하다는 것이다. 그렇다면,
이런 기온 역전층은 언제, 어디서 주로 발생하는가? 이런 현상은 주
로 밤 사이에 일어나는데, 건조하고 청명한 날, 밤이 길 때, 새벽 즈음
에 일어난다.[8] 이런 조건을 만족하는 곳은 바로 '사막 지대'이다.

도널드 멘젤 교수는 이처럼 레이더에 포착되는 UFO는 모두 기온
역전층에 기인한다고 말했다. 그는 UFO가 레이디에 포착되는 많은
지역이 야간의 사막 지대에서인 이유가 바로 여기에 있다고 주장했
다. 그는 또한 레이더 반향음이 불규칙하고 빠르게 움직이는 것처럼
보이는 것은 이런 기온 역전층의 교란turbulence of inversion으로 설명이 가
능하다고 결론지었다.[9] 도널드 멘젤은 자신이 여러 언론 매체와 인터
뷰 했던 내용을 보강해서 《비행접시들Flying Saucers》이라는 책을 냈다.[10]

---

8 Radar Basics.(https://www.radartutorial.eu/07.waves/wa17.en.html), Haby, Jeff.
Investigations and Radar Ground Glutter.(https://www.theweatherprediction.com/
habyhints2/391/)

9 Menzel, Donald H. 1952., Keyhoe, Donald. 1953, p. 72.

10 Nolan, Daniel A. Jr. 1953.

핵 시설과 UFO 출현

기온 역전층과 관련된 도널드 멘젤 교수의 주장은 어느 정도 설득력이 있었다. 실제로 UFO가 자주 출몰했던 지역 분포를 보면 사막 지대가 많았던 것이 사실이었기 때문이다. 하지만 1952년 워싱턴 DC 상공 UFO 출현을 기온 역전층 이론으로 설명하기에는 문제가 있었다. 비록 미군 당국에서 이 이론을 전면에 내세워 당시 UFO 소동을 잠재웠지만, 워싱턴 국립공항 관제탑 근무자들 대부분은 앞에서 소개했듯이 이런 설명에 쉽게 수긍할 수 없었다.

그리고 UFO 출현이 사막 지대에 집중됐던 이유를 단지 기온 역전층으로 설명하는 데는 문제가 있었다. 제2차 세계대전 후반기에 미국에서 제일 집중했던 과학 기술적 노력은 '핵폭탄 제조'였다.

'맨하탄 계획Manhattan Project'이라 불렸던 이 프로그램은 전후에도 좀 더 업그레이드된 형태로 지속됐는데, 이는 소련과의 냉전 체제에서 우위를 점유하기 위해서였다. 이런 노력들은 테네시 주의 오크 리지Oak Ridge, 워싱턴 주의 핸포드Hanford, 뉴 멕시코의 로스 알라모스와 샌디아 랩에서 주로 추진되고 있었다. 이들 지역 중에서 특히 로스 알라모스와 샌디아 랩과 인근 로스웰 등은 핵폭발 실험이 이뤄지던 사막 지역으로, 멘젤 교수가 지적하는 조건에 합치됐다. 하지만 오크리지나 핸포드를 비롯해 핵 설비와 관련된 다른 지역은 사막 지대는 아니었으며 그럼에도 UFO가 빈번하게 출현했다. 즉, UFO는 기온 역전과 상당히 관련이 있어 보이긴 하지만, 그보다는 핵 시설과의 관련성이 더욱 중요했던 것이다.[11]

---

11 Janos, Adam. 2019.

chap
ter:
07

51구역

I-336 (Rev. 1 10-63)

FEDERAL TION
UNITED STATES DEPARTMENT OF JUSTICE

ST-105

YOUR FILE NO. REC-126

FBI FILE NO.

LATENT CASE NO.

FBI

Date:

TO:

'51구역'은 갖은 음모론과 SF물의 고향과 같은 곳이다. 51구역은 외계인이 지구를 침공한다는 내용의 SF 영화 〈인디펜던스 데이〉에 나온다. 미국 대통령도 모르게 외계인 시체와 외계인의 비행접시를 숨겨 놓고 연구하는 비밀 시설로이다.

요즘 51구역이 다시 전 세계적인 관심을 받고 있다. 누군가 장난삼아 시작한 '운동' 때문이다. 이름은 '51구역을 급습하자, 그들은 우리 모두를 막을 수 없을 것이다Storm Area 51, They Can't Stop All of Us'. 말 그대로 9월 20일 낮 12시(미국 태평양 시간대 기준)에 51구역에 쳐들어가 외계인을 보자는 운동이다. 지난달 페이스북에 글이 올라온 후 11일 현재 200만 명이 넘는 사람들이 참가 의사를 밝혔다. 지구상 거의 모든 매체가 51구역 급습 운동을 보도했다.

51구역은 군사 비밀 시설이기 때문에 경비가 엄격하다. 진입로에는 '무단 침입할 경우 물리력을 사용할 수 있다'라는 경고판이 붙어 있다.

주변에는 철조망과 동작 감지 센서, 감시 카메라가 촘촘하게 세워졌다. 외곽 경계는 무장한 경비업체 직원들이 맡았다. 실수로 잠시 51구역에 들어갔던 사람들의 증언에 따르면, 바로 무장 경비팀이 출동하고 하늘에서 헬기가 수색

Walters
Mohr
Bishop
Casper
Callahan
Conrad
Felt
Gale
Rosen
Sullivan
Tavel
Soyars
Telo. Room
Holmes
Gandy

Enc. (7)

RDF:mlg
(4)

8 JUN 1970

MAILED 21

COMM-FBI

MAIL ROOM ☑ TELETYPE UNIT ☐

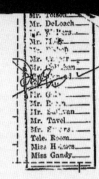

했다고 한다. 무단 침입자에게는 750달러의 벌금이 매겨진다.

그래서 51구역 급습 운동의 페이스북에는 '51구역 관광 안내소에 모여 침입 방법을 협의하자. 만일 나루토처럼 달리면 총알보다 빨리 움직일 수 있다'라는 내용이 있다. 닌자를 다룬 일본 애니메이션 〈나루토〉의 주인공처럼 뜀박질하자는 것이다.

미 공군의 대변인인 로라 맥캔드류는 "이 지역(51구역)에 불법적으로 접근하려는 어떤 시도도 하지 말아 달라"고 당부했다. 그러나 미 공군의 경고를 귀담아듣는 사람은 별로 없는 듯하다. 오히려 전의만 불태우고 있다는 평가이다.

– 2019년 8월 11일자 중앙일보 기사 "외계인과 UFO 있다는 그곳…200만 명 '51구역 급습 작전'" 중에서(https://www.joongang.co.kr/article/23549107#home)

Page 2
D-700515095 JC

Approved: _____ Sent _____ M Per _____
　　　　　Special Agent in Charge

Examination completed 4:00 M.　5/28/70 Dictated 6/1/70
　　　　　　　　　　　Time　　　　Date　　　　　　Date

51구역
소동의 서막

2021년 5월, SBS의 <당신이 혹하는 사이>에서 출연 섭외가 왔다. 미 국방부에서 그해 여름 UFO 관련 예비 보고서를 공개하기로 예고한 상황이었기 때문에 방송사에서 UFO 문제를 다루려고 했던 것이다. 그리고 이 프로그램에서는 대중적으로 관심이 많은 51구역과 로스웰 사건을 다뤘다.

51구역은 일반인들이 미국 네바다 주 사막에 위치한 에드워즈 공군 기지의 일부분을 이르는 명칭이다. 미국 국방부가 관리하는 1급 군사 기지로, 각종 첨단 무기 체계들을 연구 개발해 에드워즈 공군 기지에서도 다른 곳과 비교를 불허하는 특별한 비밀 실험장이기도 하다. 정식 명칭은 '그룸 레이크 공군 기지Groom Lake Air Base' 이다.

일부 음모론자는 미 정부가 51구역에서 외부에 알리지 않고 외계인과 UFO에 관한 정보를 다루고 있다고 믿는다. 이들은 2013년에야 공식적으로 알려진 51구역에서 외계인을 붙잡아 두거나 추락한

51구역 진입 제한 경고를 알리는 표지판
(https://en.wikipedia.org/wiki/Area_51#/media/File:Wfm_x51_area51_warningsign.
jpg)

UFO를 연구하고 있다고 본다.[1] 원래 이곳은 UFO를 리버스 엔지니어링으로 제작해 시험하고 있다는 식으로 알려졌다. 그곳 인근에서 원반형 비행체들이 비행하는 것이 종종 목격됐기 때문이다. 하지만 이런 것들은 사실 1970년대에 진행된 F-117 등 스텔스기 개발 과정이 외부에 노출된 것이었다.[2]

밥 라자르와 51구역

그런데 이런 목격 사례에 대한 간헐적 보고들이 1989년 한 인물에 의해 본격적인 음모론으로 발전했다. 그는 밥 라자르Bob Lazar로, 당시 51구역에서 물리학자로 근무했다고 주장하고 나섰다. 그는 한 TV 인터뷰에 나와 그곳에 관한 내용을 폭로했다. 심지어 넷플릭스에 그를 다루는 다큐멘터리가 상영되고 있을 정도이다. 여전히 그는 끊임없는 화제를 낳고 있다. 라자르는 그곳에서 UFO를 분해하는 일을 했으며 외계인이 지구에 끼친 영향력을 다루는 내부 문건을 읽었다고 주장했다.

---

1 51구역: 미 공군이 이곳을 기습하려는 사람들에게 엄중 경고했다. BBC NEWS 코리아(2019. 07. 17). (https://www.bbc.com/korean/news-49012921)

2 Yenne, Bill. 2014.

1959년에 출생한 라자르는 캘리포니아 공대와 매사추세츠 공대 (MIT)에서 물리학과 전자공학을 전공한 후 로스앨러모스연구소에서 근무했다고 알려져 있다. 이후 라자르는 1982년부터 51구역의 비밀 연구소에서 근무했으며 1989년에는 한 텔레비전 프로그램에 출연해 이곳에서 9대의 UFO를 목격했다고 밝혔다. 그에 따르면, 이곳에 있는 9대의 UFO는 외계인의 것과 이를 바탕으로 지구에서 동일하게 복제한 것이 섞여 있는 것으로 추정된다는 것이다.

〈당신이 혹하는 사이〉: 재점화되는 51구역 음모론

2021년 5월 5일 밤 9시, SBS TV 〈당신이 혹하는 사이〉는 '재점화되는 51구역의 음모론' 편을 내보냈다. 나는 이 방송에 게스트로 초대돼 51구역과 밥 라자르에 관한 논의에 참여했다.

이 프로그램의 호스트 중 한 명인 변영주 감독은 "MIT 졸업생 중 그는 없다. 그리고 박사학위를 받았다면 논문도 있어야겠지만 그것도 없다"라며 "LA의 2년제 대학 출신에 고등학교 성적도 하위권으로 MIT 출신이라는 주장은 거짓이다"라고 주장했다. 그러자 봉태규는 "거기에 그가 51구역에 대해 폭로한 가장 큰 이유가 있다"라며 당시 밥 라자르의 주장을 공개했다. 밥 라자르는 "내 신분에 대한 모든 기

2021년 5월 5일에 방영된 〈당신이 혹하는 사이〉에 출연해 51구역에 대해
이야기하고 있는 저자

록이 사라지거나 조작되는 걸 알게 됐다. 이러다 내 육신도 사라질까 봐 방송에 출연하게 됐다. 내가 유명해지면 미국 정부에서도 날 어떻게 하지 못할 것 아니냐"라며 51구역 근무 당시 사용했던 출입 카드와 급여 명세서까지 공개해 눈길을 끌었다.

이에 변영주 감독은 밥 라자르의 충격적인 이력을 또 하나 공개했다. 그는 51구역에 대한 폭로 이후 성매매 알선 혐의로 실형 선고를 받기도 했던 것이다. 또한 기록이 사라졌다고 하더라도 친구나 지인은 존재했을 것이라며 그의 이력을 증언을 뒷받침할 지인이나 친구가 전혀 없는 것도 의아한 점이라고 지적했다. 그러나 봉태규는 "그가 근무했다는 연구소 직원 전화번호부에 밥 라자르가 있다. 그리고 그가 UFO의 추진력이 된다고 했던 115번 원소는 그의 폭로 당시에는 존재하지 않았다. 14년이 흐른 뒤 115번 원소가 발견됐다"라며 그의 폭로에 신빙성이 있다고 주장했다.

존 리어의
음모론

나는 이런 논의에 끼어들어 CIA 문서를 통해 51구역은 1950년대 냉전 시대 첩보기로 유명한 U-2기 등의 비밀 훈련 기지이며 다른 전투기와 폭격기의 시험 비행도 이뤄진 곳이라고 설명

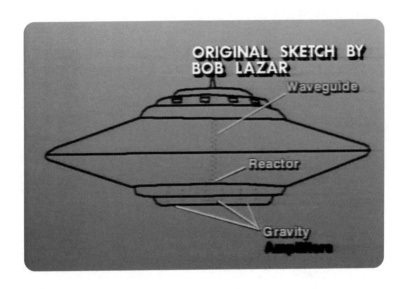

밥 라자르가 51구역에서 목격했다고 주장하는 리버스 엔지니어링된 스케치

돼 있다고 했다. 그리고 CIA의 비밀 비행 임무를 수행했던 파일럿 존 리어의 폭탄 선언도 공개했다. 존 리어는 리어젯사의 회장인 빌 리어의 아들로, 베트남 전쟁 때 CIA를 위해 화물 비행기를 조종한 경력이 있다. 그는 "미국 정부가 지난 40년 동안 인간을 외계인들에 팔았다. 외계 생명체들과 모종의 거래를 했다"라며 미국 정부가 UFO를 회수했고 초저온 저장소에 외계인 시체를 보관하고 있다는 주장을 했다.[3]

내가 이런 사례를 소개한 것은 밥 라자르와 같은 주장을 하는 매우 그럴듯한 배경을 가진 이들이 미국에 여럿 있다는 사실을 폭로하기 위해서였다. 밥 라자르를 신봉하는 이들에 대한 일종의 경고의 성격을 띠고 있었다. 리어젯 사의 회장 아들로, 유복한 집안에서 태어나 상당한 사회적 경력을 쌓은 존 리어와 같은 이도 엉뚱한 주장을 한다. 따라서 설령 밥 라자르가 칼텍이나 MIT를 다녔다고 해도 자신의 존재를 세상에 알리기 위해 얼마든지 음모론을 퍼뜨리는 기행을 저지를 수 있다.

나는 결론적으로 "115번 원소에 크게 다른 성질이 있지 않다. 라자르의 주장은 어불성설이다"라고 했다.[4] 라자르가 가장 심혈을 기울여

---

3   John Lear's UFO Revelations. Hosted by Art Bell, Coast to Coast AM (November 2, 2003).(https://www.coasttocoastam.com/show/ufo-revelations/) 존 리어는 미 정부가 외계인들과 계약을 맺고 인간을 납치하거나 인간 몸속에 이물질을 삽입하거나 심지어 인간과 외계인 간 혼혈종을 만드는 것을 묵인하고 있고 또한 가축 도살이나 더 나아가 인간 도살까지도 허락했다는 주장을 하기도 했다.

4   김효정 편집. 2021.

내세운 주장이 바로 51구역에서 원소 기호 115인 물질을 연구해 반중력으로 작동하는 UFO 연료로 사용했다는 것이었기 때문이다.[5]

원소 기호 115
유넌펜티움이 UFO 추진 동력원?

현재 원소주기율표에 있는 각종 원소들의 번호는 그 물질이 가진 양성자의 수에 따라 매겨진 것이다. 지난 1940년까지 가장 무거운 원소는 양성자의 수가 92개인 우라늄이었다. 그리고 우라늄은 자연계에서 발견되는 가장 무거운 원소이다. 하지만 현재는 우라늄보다 무거운 원소들이 발견돼 원소 기호가 118번까지 있다. 다만 원소 주기율표상의 원소 기호와 번호를 국제적으로 공인하는 국제순수응용화학회International Union of Pure and Applied Chemistry, IUPAC가 공인하고 있는 원소는 112번인 코페르니슘(원소 기호 Cp)까지이다. IUPAC는 새로 발견된 원소에 대해 확인되기 전까지는 임시 이름을 부여하고 있으며 지난 2003년 110번인 다름슈타튬(원소 기호 Ds)을 공인한 이후 2004년 5월 111번인 뢴트겐늄(원소 기호 Rg) 그리고 올 7월 112번

---

5 Element 115, the Infamous Alien "element" mentioned by Bob Lazar over a decade ago is added to periodic table. Intech Bearing Inc. (Februray 8, 2023). (https://intechbearing.com/blogs/news/getting-closer-to-element-115)

을 공인한 상태이다. 과학자들이 발견했다고 주장하는 113번부터 118번까지의 원소는 현재 임시 이름을 사용하고 있으며 115번은 유넌펜티움ununpentium, Uup이라는 임시 이름을 갖고 있다.[6]

원소 기호 92번인 우라늄 이후의 원소들은 모두 방사성 인공 동위 원소이기 때문에 자연계에는 존재하지 않으며 생성과 동시에 붕괴가 이뤄져 생성하기도 어렵고 확인하기도 어렵다. 하지만 한 가지 확실한 것은 이것을 추진 동력원으로 사용한다고 가정하면 그것은 핵 분열을 이용한 핵 추진체 그 이상도 그 이하도 아니라는 것이다. 따라서 원소 기호 115번인 물질이 정말 UFO의 연료라면 UFO는 핵 추진 비행체라는 것이며 그것이 우라늄이나 플로토늄을 핵 추진 연료로 사용하는 비행체보다 성능이 더 뛰어날지는 몰라도 우리가 상상할 수 있는 수준의 비행 패턴에서 크게 벗어날 수 없다.

〈서울 경제〉의 강재윤 기자는 원소 기호 115번인 물질이 정말 UFO의 연료인지, 아닌지에 대해 그 누구도 단언하기는 어려운 실정이라고 주장한다.[7] 하지만 이런 그의 주장은 핵 추진 원리와 성능에 대한 몰이해와 보고된 UFO의 비행 성능에 대해서도 잘 알지 못하기 때문에 하는 이야기이다. 나는 그것이 UFO 연료일 가능성은 전혀 없다고 본다.

---

6 새로운 원소 2종 발견… 원소 기호 113, 115, 동아 사이언스(2006. 02. 05).(https://www.dongascience.com/news.php?idx=-50285)

7 강재윤. 2009.

학계에서는 라자르가 정말로 유넌펜티움에 대한 연구 사실을 목격했다면 그것은 UFO 추진 관련 연구라기보다 핵무기 개발과 연관된 새로운 원소 발견이 목적이었을 것이라는 입장을 취하고 있다.

사실 녹화가 시작되기 전, 윤종신 씨는 내게 라자르가 주장하는 115번 원소와 UFO 동력에 관한 내용을 물었다. 나는 그의 질문에 대해 "원소 기호가 115번이든 150번이든, 그 원소는 양성자와 중성자로 구성된 핵으로 이뤄진 불안정한 방사능 물질일 뿐, 원소 기호가 크다고 해서 그 물질이 여태껏 알려지지 않은 새로운 물리 현상을 만들어 내어 엄청난 추진 동력원이 된다는 라자르의 주장은 허무맹랑한 것"이라고 답해 줬다. 그러자 그는 그렇다면 왜 과학자들이 이런 주장을 공식적으로 제기하지 않는지를 물었다. 나는 "라자르 같은 이들은 자신의 주장에 대해 유명한 학자가 대응해 주기를 바라고 있으며 비록 그 대응이 자신의 주장을 반박하는 것이라고 해도 그의 음모론을 신봉하는 이들에게는 라자르가 유명한 학자들과 어깨를 나란히 할 만큼 위대한 인물이라는 것을 부각시키는 데 이용할 것"이라고 말했다.

chapter: 08

2004년
니미츠
핵 항모
UFO 사건

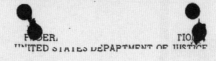

내레이션   그들은 잔잔한 파란 바다에서 보잉 737 비행기 크기 면적 정도의 소용돌이치는 하얀 포말이 이는 영역을 발견했다.

프레이버   우리가 그것을 바라보고 있는 동안 그녀(디트리히)의 후방석에 앉아 있는 장교가 말문을 열었어요. "어이, 편대장skipper(프레이버를 칭함), 너..." 나는 말을 끊고 다음과 같이 말했죠. "이보게들, 너희도 저 아래 물체가 보이지?" 우리는 거기에 작고 하얀 틱–택Tic-Tac처럼 생긴 물체가 존재하는 것을 봤어요. 그것은 햐얀 포말이 이는 영역 위에서 움직이고 있는 것 같았어요.

내레이션   디트리히의 전투기가 위에서 선회하는 동안, 프레이버의 전투기는 좀 더 자세히 관찰하기 위해 아래로 향했다.

휘태커   그럼 당신은 나선을 그리면서 내려갔겠네요?

프레이버   그랬어요. 그것은 남북 방향을 가리키는 상태로 있다가 갑자기 회전했죠. 그러더니 내 전투기 운행을 흉내냈어요. 즉, 내가 (수직 하강으로) 내려가니까 내 방향으로 마주보고 똑바로 올라오더라구요.

휘태커   그럼 그것이 당신 비행기 동작을 흉내냈단 말인가요?

프레이버   맞아요. 그것은 분명 우리 존재를 알고 있었어요.

내레이션   그는 그것이 자신의 F/A-18F 전투기와 비슷한 크기였으며 어떤 표식도, 날개도 그리고 어떤 배기 분출물도 없었다고 말했다.

프레이버   나는 가능한 한 그 물체에 가까이 다가가고 싶었어요. 그래서 그렇게 수직 하강했던 거죠. 그리고 그것 역시 계속해서 내 전투기를 마주보고 올라오고 있었어요. 그리고 바로 내 앞까지 도달할 즈음 갑자기 사라져버렸어요.

휘태커   사라졌다고요?

프레이버   사라졌어요. 다시 말하자면, 떠난 거라고요. 가속해서 가버린 거죠.

- 2021년 5월 16일, CBS TV '60 Minutes'의 대담 중에서

미 해군
UFO 동영상 공개

2020년 5월 4일, YTN 뉴스 생방송에 출연해 UFO 문제에 대한 인터뷰에 응한 적이 있다. 이전에도 UFO 출현과 관련해 KBS나 MBC 뉴스 시간에 짤막한 인터뷰를 한 적은 있어도 TV 스튜디오에 직접 나가 앵커와 긴 시간 동안 인터뷰를 한 경우는 없었다. 이렇게 매우 특별한 인터뷰를 하게 된 이유는 미 국방부가 그동안 인터넷상에 떠돌던 3편의 UFO 동영상이 해군 조종사에 의해 촬영됐다는 사실을 확인해 주는 획기적인 일이 발생했기 때문이었다.[1]

이 동영상들이 세상에 알려진 것은 2017년이다. 1999년부터 2002년까지 클린턴과 아들 부시 정권 시절 미 국방부 정보 담당 차관보 Deputy Assistant Secretary of Defense for Intelligence를 역임했던 크리스토퍼 멜론 Christopher Mellon이 그해 한 국방부 정보 관료로부터 3편의 UFO 동영상

---

1 [별별이야기] 미 국방부 공식 인정한 '미확인 비행 물체'…정말 UFO일까? YTN 사이언스(2020. 05. 04.).(https://www.youtube.com/watch?v=njKq_2j7bxY

미 국방부 공식 인정한 '미확인 비행 물체'… 정말 UFO일까?
YTN 사이언스(2020. 05. 04.)

들이 담긴 USB와 함께 관련 자료 파일을 전달받았다.[2] 이 자료는 〈뉴욕 타임스〉에 제보됐고 미 국방부에서 2000년대에 비공식인 UFO 조사팀이 가동됐다는 사실이 기사로 폭로됐다.[3] 당시 〈뉴욕 타임스〉의 보도에 국방부는 약 2년간 활동했던 UFO 조사팀의 존재를 인정했지만, 이 동영상들의 진위 여부에 대해선 침묵했다. 그 후 〈뉴욕 타임스〉를 비롯한 미국의 주요 언론사들의 정보 공개 요구에 의해 드디어

---

2 Lewis-Kraus, Gideon. 2021.

3 Blumenthal, Ralph. 2017., Mellon, Christopher. 2018.

2020년에 미 국방부가 공식적으로 세 동영상이 미 해군 조종사들에 의해 촬영됐다는 것을 인정한 것이다.[4] 이 동영상들은 미 해군 공중 시스템 사령부Naval Air Systems Command의 웹 사이트에서 확인할 수 있다.[5]

이 동영상들 중 FLIR이라고 이름 붙여진 것은 2004 니미츠 항공모함 요격 그룹 소속 슈퍼 호넷 조종사 채드 언더우드Chad Underwood에 의해 촬영된 것으로, '전방 주시 적외선forward_looking infrared, FLIR 카메라로 촬영했다고 해서 그런 이름이 붙었다. 나머지 동영상들은 'GOFAST' 와 'GIMBAL'이라는 이름이 붙어 있는데, 각각 속도가 매우 빠르다는 사실과 나침반이나 크로노미터의 수평 유지 장치로 쓰이는 짐벌gimbal을 닮았다는 사실에 근거해 붙여진 이름이다. 이 두 동영상은 2015년에 이라크 배치를 앞두고 플로리다 인근에 정박 중이던 항공모함 시어도어 루스벨트호를 이륙해 버지니아와 플로리다 해안 일대를 비행하던 슈퍼 호넷 전투기들에 의해 촬영됐다.[6]

---

4 Conte, Michael. 2020.

5 Immediate Release: Statement by the Department of Defense on the Release of Historical Navy Videos, US Department of Defense(April 27, 2020). (https://www.defense.gov/News/Releases/Release/Article/2165713/statement-by-the-department-of-defense-on-the-release-of-historical-navy-videos/)

6 Masters, Michael. 2002, pp. 255~256., von Rennenkampff, Marik. 2022a.

FLIR

언더우드가 촬영한 동영상은 '틱-택^{Tic-Tac}'이라고도 불리는데, 그 이유는 길쭉한 구강 청량 사탕인 틱-택과 비슷한 형태의 비행체가 등장하기 때문이다. 이 영상에서 그것은 공중에 정지 상태로 있는데, 어떤 분출물이나 구동 장치도 보이지 않는다. 또 아무런 소리가 들리지 않는데, 이는 원래 비행기의 저장 장치에서 복사할 때 음성 파일을 함께 다운로드하지 않았기 때문이다. 항공모함 니미츠호의 '항공모함 비행체정보센터^{Carrier Vehicle Intelligence Center, CVIC}'에 이 동영상이 처음 선보였을 때 거기 모인 사람들은 이 UFO의 기묘한 특성 때문에 모두들 지대한 관심을 가졌다고 한다. 통상 임무 수행 보고^{debriefing}는 형식적이었는데, 그 날만은 그렇지 않았다. 특히 마지막 부

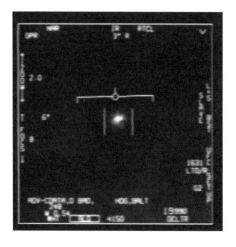

FLIR 동영상의 한 장면

분에서 그것은 매우 환상적인 속도로 사라진다. CVIC에 모였던 이들은 문제의 동영상에 대한 비판을 거의 하지 않았고 모두 저렇게 빠른 비행체를 몰아보고 싶다고 했다는 것이다.[7]

GOFAST

매우 빠른 속도로 이동하는 UFO가 찍혀 있다고 해서 '고-패스트'로 이름 붙여진 동영상은 2015년 1월 핵 항모 시어도어 루스벨트호에 탑승하고 있던 라이언 그레이브즈[Ryan Graves] 중령의 비행 편대원에 의해 촬영됐다. 당시 그는 F/A-18 슈퍼 호넷 전투기의 레이더에 적외선 센서 AN/ASQ-228 ATFLIR를 연동하는 작업을 하고 있었으며 제대로 작동하는지를 테스트하던 중이었다.

이 동영상에는 촬영자의 육성이 녹음돼 있다. 그 음성을 분석해 보면 처음 두 차례 UFO 포착을 시도하지만, 모두 실패했다는 것을 알 수 있다. 마침내 세 번째 시도에서 그것이 락-온되는데, 이때 촬영자의 환호성이 들린다. 옆의 동료가 그에게 직접 수동으로 락-온했는지 묻자, 그는 자동 락-온 모드였다고 털어놓는다.[8]

---

7 https://www.navair.navy.mil/foia/sites/g/files/jejdrs566/files/2020-04/1%20-%20
FLIR.mp4, Phelan, Matthew. 2019.

8 https://www.navair.navy.mil/foia/sites/g/files/jejdrs566/files/2020-04/3%20-%20
GOFAST.wmv

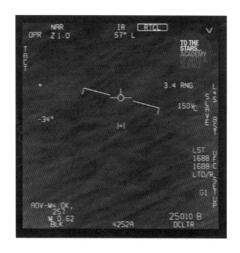

GOFAST 동영상의 한 장면

GIMBAL

'짐벌'이라는 이름이 붙여진 동영상도 역시 2015년 1월 핵 항모 시어도어 루스벨트호에 탑승하고 있던 라이언 그레이브즈 중령의 비행 편대원에 의해 전투기 적외선 카메라로 촬영됐다. 이 장비 역시 AN/ASQ-228 ATFLIR였다. 이 동영상에는 촬영을 하고 있던 편대원이 생생하게 현장을 중계하는 목소리가 다음과 같이 녹음돼 있다. "저것 좀 봐, 회전하고 있어! 맙소사! 저것이 바람 방향에 거슬러서 움직이고 있어. 지금 바람이 서쪽으로 초속 62m(120knot)로

불고 있는데…. 이보게들…. 저것 좀 봐."[9]

이 내용은 UFO가 강풍 속에서 제트나 로켓 등 뚜렷한 추진 체계를 사용하지 않고 공중에 정지 상태에서 회전하다가 풍향에 거슬러 움직이는 모습을 묘사하고 있다. 조종사들은 다소 이성을 잃고 그들이 보고 있는 것에 대한 경이감에 휩싸여 있다.[10] 이 UFO는 전투기 적외선 센서뿐만 아니라 그레이브즈 편대의 CATM-9 연습용 미사일에 부착된 적외선 센서에도 포착됐다.[11]

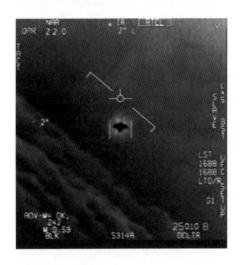

GIMBAL 동영상의 한 장면

---

9 https://www.navair.navy.mil/foia/sites/g/files/jejdrs566/files/2020-04/2%20-%20 GIMBAL.wmv

10 Whitaker, Bill. 2021.

11 Mizokami, Kyle. 2019.

AAV의 출현

　　　　세 동영상 중에서 가장 주목해야 할 것은 'FLIR'이다. 그 이유는 동영상에 찍힌 물체가 레이더에도 포착되고 또 접근한 전투기 조종사들의 육안에도 목격됐기 때문이다. 물론 이 보다 더 중요한 이유가 있는데, 이 문제는 마지막에 다룬다.

　2004년 11월 10일, 샌디에고 인근 태평양 해상에서 니미츠 핵 항모를 기함으로 하는 제11 항공모함 타격 훈련 그룹Carrier Strike Group 11, CSG 11이 모의 훈련을 하고 있었다. 이때 탄도 미사일 방어Ballastic Missile Defense, BDM 레이더에 대기권 바깥에서 진입하는 미확인 낙하체가 포착됐다. 훈련에 참여하고 있던 순양함 프린스턴호의 최신형 레이더 SPY-1은 해발 24km 상공부터 이 물체를 포착할 수 있었다.[12]

　24km 상공에 머물러 있던 그것들은 10~20개 정도의 그룹을 지어 움직이고 있었는데, 일부는 8.5km 상공까지 그리고 나머지는 해발 15m까지 수직 낙하해 정지 상태로 머물렀다.[13]

　프린스턴호에 탑승하고 있던 기상 해양 요원Meteorology & Oceanography Officer, METOC은 이 현상이 레이더 반향음을 반사하는 공중 얼음 알갱이

---

12 Knuth, Kevin H. et al. 2019.

13 BBC는 괴비행체들이 엄청난 높이로부터 낙하해서 공중에 정지 상태로 머물렀다고 표현하고 있다. UFOs: Few answers at rare US Congressional hearing, BBC News(17 May 2022).(https://www.bbc.com/news/world-us-canada-61474201)

에 따른 것이라는 내용을 포함한 몇 가지 기상학적인 설명을 했지만, 브리핑을 들은 사람들 중 그 누구도 이런 설명에 동감할 수 없었다.[14]

고공에서 수직 낙하했다가 다시 올라가기를 반복하는 UFO들에 대해 보고받은 프린스턴호의 사격 통제 선임 하사Fire Control Senior Chief 케빈 데이Kevin Day는 처음에 그것이 레이더의 오작동에 따른 것이라고 의심했다. 그래서 장비를 껐다가 다시 켜는 등 작동 상태를 재차 확인해 봤다. 하지만 레이더는 매우 정상적으로 작동되고 있었다. 데이와 그의 부하들은 그것을 '비정상적 공중 비행체Anomalous Aerial Vehicle, AAV' 라고 명명했다.[15]

SPY-1은 3-4GHz에서 작동하며 포착 거리 상한과 고도 상한이 각각 300km, 24km 정도인 세계에서 가장 최고 성능을 자랑하는 레이더로써 이를 이용해 데이는 그 AAV들의 하강, 공중 체류 그리고 상승에 대한 정보를 기록했다. 기록된 바에 따르면, 그것들은 우방이나 적국의 알려져 있는 그 어떤 비행체보다 빨랐다. 조금 빠른 정도가 아니라 비교가 되지 않을 정도로 빨랐다.[16]

---

14 TIC TAC UFO EXECUTIVE REPORT - 1526682843046 - 42960218 - Ver1.0 PDF (https://www.scribd.com/document/419306995/TIC-TAC-UFO-EXECUTIVE-REPORT-1526682843046-42960218-ver1-0-pdf)

15 Phelan, Matthew. 2019.

16 Chierici, Paco. 2015., Daugherty, Greg. 2019.

CSG 11

← 미국 순양함 프린스턴호. 전방에 부착된 8각형 형태의 패널이 SPY-1 레이더이다.

← 프린스턴호 지휘 통제실 (https://drive.google. com/file/d/1uY47ijzGETw YJocR1uhqxPOKTPWChl OG/view)

패스트 이글 편대의
UFO 접근

11월 14일 정오에 가까운 시간, AAV 하나가 고공에서 낙하해 비교적 오랫동안 저공에 머물렀다. 이를 확인한 프린스턴호의 레이더 오퍼레이터들은 그 물체 가까이 비행하고 있던 패스트이글FastEagle 편대에 확인을 요청하기로 했다. 원래 이 편대는 조기 경보단Airborne Command & Control Squadron 117, VAW-117이 운용하는 호크아이 조기 경보기E-2C Hawkeye에 의해 요격 관제되고 있었다. 따라서 프린스턴호에서는 조기 경보단에서 이 편대를 문제의 AAV로 요격 관제해 주길 바랐다. 하지만 호크 아이 조기 경보기에 이 괴비행체가 제대로 포착되지 않았다. 결국 편대는 프린스턴호의 최신형 레이더 SPY-1의 유도를 받으며 목표 지점으로 접근해야만 했다.

패스트이글 편대는 F/A-18F 슈퍼 호넷 전투기 2대로 구성됐는데, 각각 '패스트이글01FastEagle01'과 '패스트이글02'로 불렸다. 패스트이글01에는 편대장이었던 데이빗 프레이버David Fravor 대령과 존 아그넬리John Agnelli(가명), 패스트이글02에는 알렉스 디트리히Alex Ditrich 중령과 제임스 슬라이트James Slaight 소령이 타고 있었다.[17]

그들은 프린스턴호로부터 방위 및 거리와 관련된 좌표들을 제공받았으며 그곳에 어떤 비행체가 있는지 조사하라는 명령을 받았다. 확

---

17 Lacatski, James T. et al. 2021, p. 111.

인해야 할 대상에 대한 구체적인 정보가 제공되지 않은 상태에서 그들은 주어진 좌표를 향해 날아가고 있었다. 이들이 탄 비행기에는 적외선 센서[ATFLIR]가 설치돼 있지 않았지만, 전투기용으로는 최신 기종에 해당하는 레이더가 장착돼 있었다. 하지만 그들 레이더에는 아무것도 포착되지 않았다.[18] 그 순간, 프린스턴호에서 주의를 환기시키는 연락이 왔다. 뭔가가 나타났다는 신호였다. 그때 편대원들은 좌표로 주어진 곳의 해수면에서 둥글고 하얀 포말이 일기 시작하는 것을 봤다. 순간적으로 편대장 프레이버는 프린스턴호에서 찍어 준 좌표가 737기의 추락 지점이라는 판단을 했다. 그것이 그가 바라보고 있는 장면에 대한 가장 합리적인 설명이었다. 하지만 그는 뭔가 이상한 것이 그 위에 떠 있는 것을 목격했다. 그것은 하얀 원통주 형태였는데, 길이가 12m 정도 돼 보였다.

---

18 데이빗 프레이버의 비행기에는 APG-73 레이더가 장착돼 있었다. 이 레이더로는 UFO 포착이 불가능했다. 하지만 라이언 그레이브즈 편대 비행기에는 이보다 업그레이드돼 감도가 향상된 APG-79 레이더가 장착돼 있었고 이것으로는 UFO 포착이 가능했다. Mizokami, Kyle. 2019 참조.

틱-택의 목격

　　프레이버는 그 물체를 확인하기 위해 하강하기로
결심했다. 그동안 패스트이글02는 6km 상공에서 선회 비행을 하도
록 했다. 프레이버의 눈에 그것은 마치 수직 이착륙기 해리어가 떠오
르는 것처럼 공중에 부양하고 있는 것 같아 보였다. 또한 그 모양은
길쭉한 알 또는 구강 청량 사탕인 틱-택을 연상시켰다.

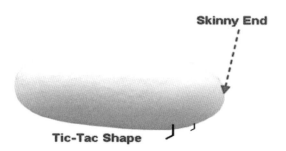

틱-택 UFO
(https://drive.google.com/file/d/1uY47ijzGETwYJocR1uhqxP0KTPWChlOG/view)

프레이버는 좀 더 가까이에서 그 물체를 보기 위해 3km까지 고도를 낮췄다. 그러자 그것은 마치 요격기의 접근을 인지한 듯 자세를 바꿨다. 수평 상태에 있던 그것이 패스트이글01 쪽을 바라보는 듯한 상태로 전환한 것이다. 그리고 프레이버 쪽을 향해 날아오르기 시작했다. 프레이버는 그것을 마주해 계속해서 돌진해 나갔다. 그리고 그것이 충분히 가까워진 어느 순간, 그것은 방향을 틀어 초음속으로 사라졌다.[19]

CAP로 이동한
틱-택

그 순간 프린스턴호의 레이더 오퍼레이터가 편대에 소식을 전했다. 틱-택이 2초 이내의 시간 동안 순식간에 이동해 처음 좌표가 찍힌 곳에서 약 110km 떨어져 있는 해상의 7km 상공에 떠 있다는 것이었다. 그 이동 시간이 2초라고 해도 이동 속도는 무려 음속의 160배가 넘는다. 그런데 더 놀라운 사실은 레이더 오퍼레이터가 새로 확인한 그것의 좌표가 매우 정확히 훈련 전투공중초계Combat Air Patrol, CAP에 해당했다는 점이다. 근처가 아니라 고도와 위도, 경도가 매

---

19 Lacatski, James T. et al. 2021, p. 112.

우 정확하게 그곳을 가리키고 있었다! 이 좌표는 오직 훈련에 참여한 레이더 오퍼레이터들과 조종사들 소수만 알고 있는 군사 비밀이었다. 어떻게 괴비행체가 매우 정확한 CAP를 알고 그곳에 가 있었던 것일까?[20]

적외선 센서에 포착된
틱-택

틱-택이 프레이버의 시야에서 사라지던 시각, 프린스턴호의 레이더에는 또다른 AAV들이 포착됐다. 사태의 심각성을 깨달은 함장은 다른 요격기들의 출격을 요청했다. 이렇게 출격한 요격기 조종사들 중 한 명인 채드 언더우드Chad Underwood는 약 30km의 거리에서 기내에 장착된 적외선 센서ATFLIR로 AAV를 촬영하는 데 성공했다. 하지만 거리가 너무 멀어 그것을 그가 직접 육안으로 목격하지는 못했다.[21]

앞에서 언급한 바와 같이 프레이버의 편대에 속했던 요격기들에는 이런 적외선 센서가 장착돼 있지 않았다. 언더우드가 촬영한 AAV가

---

20 Lacatski, James T. et al. 2021, p. 113.

21 Daugherty, Greg. 2019.

프레이버 일행이 목격했던 것과 동일한 비행체인지의 여부는 알려지지 않았다. 하지만 촬영된 괴비행체는 길쭉한 실린더 형태로, 앞서 조종사들이 육안으로 목격한 내용과 일치했다.[22]

제11 항공모함 타격 그룹 UFO 사건에 대한 조사

2009년 9월까지 이 사건에 대한 DIA 조사팀의 조사가 이뤄졌다. 조사 대상에는 케빈 데이Kevin Day, 게리 보히즈Gary Vorhees와 같은 프린스턴호의 레이더 장비 관련자들, F/A-18를 조종했던 데이빗 프레이버 등 조종사들이 포함됐다.[23] 그 조사팀이 마무리한 보고서에 그 괴비행체는 AAV라는 용어로 기술됐다. 조사팀은 이것이 미국이나 타국의 어떤 무기 체계 목록에도 기재돼 있지 않은 미지의 비행체라고 보고서에 명기했다. 또 그것은 미국의 레이더 기반 교전 능력radar_based engagement capabilities을 무력화시키는 다중 레이더 밴드에 덜 노출되는 특성을 지녔다고도 기록했다. 마지막으로 그 AAV가 공중에 정지 상태에서 고도 변화 없이 어떤 가시적인 요동도 보이지 않고 속도

---

22 Phelan, Matthew. 2019.

23 Daugherty, Greg. 2019.

를 급변하는 매우 뛰어난 추진 능력을 보여 줬다고 기록돼 있다.[24]

2010년 12월에 DIA에 전달된 보고서에는 틱-택의 속도와 가속도에 대한 물리적인 분석이 포함돼 있었다. 이와 같은 분석에 ANSYS라는 공학 소프트웨어가 사용됐다. 이런 최신 시뮬레이션 기법은 1947년 이래 UFO 조사에서 최초로 사용된 것이었다. 그런데 여기에는 틱-택의 대기 중에서의 움직임에 관한 것 뿐만 아니라 바다로 진입하는 과정과 바닷속에서의 움직임에 대한 것까지 포함돼 있었다.[25] 이 부분은 9장에서 UFO의 초매질 운행과 관련해 자세히 다룬다.

틱-택
가속도

미 국방부는 2004년 11월 4일 포착된 레이더 자료들을 공개하고 있지 않다. 하지만 관련 전투기 조종사들인 데이빗 프레이버와 짐 슬레이터, 선임 레이더 오퍼레이터 케빈 데이의 자술서 및 증언, 정보자유화법Freedom of Information Act, FOIA에 따라 공개된 미 해군의 4개 문건들, 미 국방정보국이 공개한 F/A-18F 전투기의 ATFLIR

---

24 Lacatski, James T. et al. 2021, pp. 113~114.

25 Lacatski, James T. et al. 2021, p. 119., Daugherty, Greg & Sullivan, Missy. 2019.

카메라를 통해 촬영한 UFO 영상을 바탕으로 'UFO학을 위한 과학적 연대Scientific Coalition for Ufology, SCU는 이 사건과 관련해 270페이지가량의 분석 보고서를 작성했다. 여기에는 공개적으로 열람 또는 확인할 수 있는 자료들의 분석이 담겨 있다.[26]

SCU가 상기 자료를 바탕으로 '틱-택' UFO의 가속도를 추정했는데, 케빈 데이의 기록대로 이동 시간을 0.78초로 해서 계산하면 가속도가 무려 12,250~18,385g에 달한다.[27] 1g은 지표면 근처에서의 중력 가속도를 의미하며 9.8m/sec정도 된다. 최신 전투기 기종들인 F-22, F-35가 실전에서 낼 수 있는 최대 가속도는 9g 정도이며 F-35의 기체 설계상 최대 수용 가능 가속도는 13.5g이라는 것을 감안하면[28] 목격된 UFO들의 비행 능력이 현존하는 어떤 비행 기술로도 설명이 불가능하다는 사실을 확인할 수 있다.

---

26 Powell, R. et al. 2019.

27 틱-택 UFO의 크기로부터 질량을 어림한 후 이를 출력으로 계산하면 대략 소형 전략 핵폭탄 정도의 출력이 나온다. Powell, R. et al. 2019, p. 168., Masters, Michael p.2022, p. 264.

28 Knuth, Kevin H.et al. 2019, p. 14, US Airforce vs US Navy G limit fighter jets, F-16.net. (https://www.f-16.net/forum/viewtopic.php?f=36&t=55356)

극초음속

케빈 데이의 기록에 따르면, UFO들은 최소 약 8.5km 그리고 평균적으로 약 18km 거리를 0.78초 사이에 이동한 것으로 나온다. 각각을 계산해 보면 그 속도는 최소 음속의 약 32배,[29] 평균적으로 음속의 약 68배 정도 된다.[30] 하지만 그냥 이런 식으로 계산할 수 없는 이유는 그것들이 24km보다 높은 위치에 정지 상태로 있다가 가속해서 낙하했고 다시 정지했기 때문이다. 일정하게 가속과 감속을 했다고 가정하면 중간의 최대 속도는 초속 47km에 달하고 이는 음속의 136배를 넘는다.[31] 미국, 러시아, 중국 등에서 개발되고 있는 극초음속 비행체들의 낙하 시 최대 속도가 음속의 27배 이하인 것을 생각해 보면[32] 이런 수준의 비행 능력은 지구상의 기술이라고 볼 수 없다.

보통 비행기가 음속을 돌파하면 엄청난 굉음을 낸다. 그래서 종종 훈련 중이던 제트기가 너무 낮은 고도에서 실수로 음속 돌파를 할 경우, 그 일대의 주택 창문의 유리가 깨져 민원이 들어와 손해 배상을 하기도 한다. 하지만 UFO의 경우, 종종 음속 돌파 시 충격음(소닉붐)

---

29 Knuth, Kevin H.et al. 2019. p. 7.

30 Knuth, Kevin H.et al. 2019. p. 8.

31 Powell, R. et al. 2019. p. 168.

32 CBS TV '60 Minutes' 프로그램에서는 UFO가 1초도 안 돼 24km를 이동했다고 돼 있다. 케빈 데이의 0.78초를 인용한 듯하다. Whitaker, Bill. 2021 참조.

을 내지 않는 것으로 알려져 있다.[33] 프린스턴 호에 포착된 UFO들도 바로 이런 특성을 보였다. 그것들이 해발 24km 이상의 상공에서 15m 까지 탄도 미사일 속도를 훨씬 상회하는 속도로 내리 꽂혔는데 아무런 충격파가 감지되지 않았다는 것이다.[34] 참고로 이야기하자면, 탄도 미사일은 수직 하강 시 초속 7km(음속의 약 20배)의 속도를 낸다.[35] 앞에서 언급했듯이 UFO는 이를 훨씬 상회하는 속도로 움직였다고 한다.

---

33 맹성렬. 2011. pp.190~193.

34 Knuth, Kevin H.et al. 2019. p. 14.

35 Garwin, Richard L. 1999.

chapter: 09

UFO의
초매질
운행

1-336 (Rev. 1 10-63)

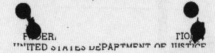

FEDERAL   TION
UNITED STATES DEPARTMENT OF JUSTICE

SI-105

YOUR FILE NO. REC-126
FBI FILE NO.
LATENT CASE NO.

FBI
Date:

TO:

       의회 보고서에 등장하는 중요한 키워드는 최근 펜타곤에서 매우 특별한 UFO 그룹에 붙인 용어인 '초매질transmedium'이다. 이는 다른 매질들을 여행할 수 있는 기술을 의미하는데, 그 매질은 우주 공간, 대기 그리고 물속까지를 포괄한다. 미 항공 우주국의 달 착륙 프로그램 참여자들의 행위는 기술적으로 '초매질적'이라고 할 수 있다. 왜냐하면 그들은 지구 대기를 뚫고 솟아올라 우주 공간으로 나갔기 때문이다. 하지만 이런 예는 왜 '초매질' 기술이 우리에게 매우 생경한 것인지를 일깨워 준다. 왜냐하면 우리는 이제야 겨우 대기를 제대로 뚫고 올라가 효율적으로 우주에 나아가는 법을 알게 된 상태이기 때문이다. 수륙 양용차들amphibious vehicles은 대체로 엔진 추진력으로 땅에서 움직이다가 물 위로까지 운행할 수 있다. 하지만 공중을 날다가 잠수함으로 변신하는 기술은 아니다. 영화 〈스타트랙〉에서도 기함들은 궤도를 이탈해 자칫 행성 대기로 진입하는 것을 경계한다.

…(중략)…

보고서에 따르면 (UFO와 관련한) 정의에 우주 공간과 해저가 포함돼야 하며 그것을 조사하는 기구의 업무 범위는 이 부가의 영역에까지 확대돼야 하는데, 특

Walters
Mohr   Enc. (7)
Bishop
Casper
Callahan
Conrad   RDF:mlg mlg
Felt   (4)
Gale   1803
Rosen
Sullivan   8 JUN 1970
Tavel   LMWRIS
Soyars
Tele. Room
Holmes   MAIL ROOM   TELETYPE UNIT

MAILED 21

COMM-FBI

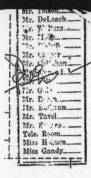

히 'technology surprise'와 'unknown unknowns'에 집중해야 한다. 여기서 'technology surprise'는 갑작스러운 응용 과학이나 기술적 진보를 의미하며 'unknown unknowns'는 정확히 그것이 의미하는 그대로를 말한다. 즉, 미 정부가 전혀 감조차 잡지 못하는 기술을 시연하는 것들을 지칭한다.

– 의회 보고서는 '미 정부가 인간이 만들지 않은 UFO들을 조사하고 있다'라고 말하고 있다.
The U.S. Government Is Investigating UFOs That Aren`t 'Man-Made,'
Congressional Report Says, 2022년 8월 30일자 〈파퓰라 메카닉스〉
(https://www.popularmechanics.com/science/a40992477/government-report-non-man-
made-ufos/)

UAP의 최초 의미

2008년부터 2010년까지 미 국방부 내 국방정보국 DIA에서는 비밀리에 UFO 조사팀을 가동했다. 이 사실이 2017년에 뉴욕 타임스에 의해 공개되면서 한바탕 소동이 있었던 것이며 그 와중에 2004년의 니미츠 핵 항모 UFO 사건이 알려지게 됐다. 그런데 이 UFO 조사팀은 UFO를 '미확인 공중 현상unidentified aerial phenomena'을 의미하는 UAP라고 부르기로 했다.[1] 이들은 하늘에 나타나는 괴비행체 중 다수가 광구light ball 형태라는 사실을 염두에 두고 조사해야 할 대상을 어떤 물체라고 규정하기보다는 현상으로 부르는 것이 보다 적합하다고 판단한 듯하다. 물론 이미 50년 전에 과학적 분석 가치가 없다는 꼬리표가 붙여진 낡은 UFO라는 용어를 쓰고 싶지 않기도 했을 것이다.[2]

---

1 Lacatski, James T. et al. 2021, pp. 41~43. p. 185.

2 UAP [yoo-ey-pee], Dictinary.com (June 30, 2021).
(https://www.dictionary.com/e/acronyms/uap/)

미 국방정보국에서 공개한 〈미확인 공
중 현상 예비 분석 보고서〉의 표지
(https://www.dni.gov/files/ODNI/
documents/assessments/Prelimary-
Assessment-UAP-20210625.pdf)

그런데 2021년 6월 25일 미 국방정보국에서 공개한 〈미확인 공중 현상 예비 분석 보고서Preliminary Assessment: Unidentified Aerial Phenomena〉는 UAP 에 완전히 다른 의미를 부여했다. 이 보고서에서 UAP는 대부분이 새 떼나 기구 무인 비행체 등의 공중 부유체들airborne cluster, 얼음 조각, 수 분 온도의 요동 등과 같은 자연 현상natural atmospheric phenomena , 미국 내 기 업이나 단체에서 제작된 어떤 비행물 관련 프로그램USG 러시아, 중국 또는 다른 국가나 집단이 만든 비밀 장치foreign adversary systems들일 것으로 보고 있다. 그리고 마지막으로 기타others를 언급하고 있다.[3] 즉, 당시 국

---

3 미 국가정보국, 국방부, 중앙정보국. 2023, pp. 102~103. , Preliminary Assessment: Unidentified Aerial Phenomena, Office of the Director of National Intelligence(June 25, 2021).(https://www.dni.gov/files/ODNI/documents/assessments/Prelimary-Assessment-UAP-20210625.pdf)

방정보국은 UAP와 UFO를 동일시하지 않았던 것이다. 이들의 분류에서는 별 의미가 없다는 뉘앙스로 채택된 '기타'가 사실상 UFO로 분류할 수 있는 정말 이상한 행동을 하는 비행체에 해당한다.

기타=진짜 UFO

이 보고서에서 기타에 속한 것들은 '고도의 기술력'을 보여 주는 것일 수 있다고 기술하고 있다. 이런 사례들로 바람이 세게 불고 있는데 꼼짝하지 않고 공중에 떠 있거나 바람 방향에 거슬러 움직이는 경우, 갑자기 급가속해 움직이거나 기존 비행체로 흉내낼 수 없는 매우 빠른 속도로 날아가는 경우 그리고 고주파 전자기 에너지를 방사하는 경우를 꼽고 있다. 대부분의 이런 특성들은 미 해군이 촬영한 세 동영상들과 관련된 UFO에서 찾아볼 수 있다.

이처럼 기타로 분류된 18건을 '고도의 기술력'과 연관시키는 본문과 달리, 결론이라고 볼 수 있는 '요약문'에는 이를 센서 오작동, 목격자의 오인이나 착각으로 몰아가고 있다. 그리고 불완전한 센서 시스템 문제를 집중 거론한다.[4] 50여 년 전 프로젝트 블루 북이 종결될 때 불완전한 센서 문제가 UFO 존재를 불인정하는 주요 논점이었다. 하

---

4   미, 국가정보국, 국방부, 중앙정보국. 2023, pp. 98~101.

지만 2000년대에 기타로 분류된 것들은 그 후 고도로 발전한 여러 센서 시스템에 동시에 포착된 비행체들을 가리킨다. 따라서 이 요약문의 논점은 전문가의 입장에서 봐도 전혀 이치에 맞지 않는다.[5]

UAP에 대한
새로운 정의

      2021년 12월 27일, 미 상원에서 '미확인 공중 현상을 다루는 사무실, 조직 그리고 지휘 체계 수립Establishment of office, organizational structure, and authorities to address unidentified aerial phenomena' 법안이 통과됐다.[6] 이 법안은 2022 회계연도 국방수권법안National Defense Authorization Act 의 1683조이었는데, 2022년 7월 12일, 미 상원 정보위원회U.S. Senate Select Committee on Intelligence에 이 조항을 개정하는 법안이 상정됐다. 이 날 청구된 법안의 703조 (C) 항에는 기존 조항인 '미확인 공중 현상을 다루는 사무실, 조직 그리고 지휘 체계 수립'을 '미확인 항공 우주-해저 현상

---

5   무엇보다도 그 물체들은 여러 센서들에 동시 포착됐다. 그뿐만 아니라 육안으로도 목격됐다. 따라서, 그런 것들을 센서 오동작으로 볼 여지는 없다. Mizokami, Kyle. 2019 참조.

6   S.1605 – National Defense Authorization Act for Fiscal Year 2022, 117th Congress (2021-2022). Congress.Gov. (https://www.congress.gov/bill/117th-congress/senate-bill/1605/text, 50 U.S. Code § 3373 – Establishment of All-domain Anomaly Resolution Office, Legal Information Institute. (https://www.law.cornell.edu/uscode/text/50/3373)

공동 프로그램 사무실 설치Establishment of Unidentified Aerospace-Undersea Phenomena Joint Program Office'로 바꾸도록 하고 있다.[7] 그리고 이 법안은 그해 7월 20일에 통과됐다.[8]

　이런 법 개정은 지금까지 사용하던 UAP라는 용어의 재정의에 해당한다. 즉, 원래는 UAP가 미확인 공중 현상이었지만, 이제는 미국에서 공식적으로 '미확인 항공 우주-해저 현상'이 된 것이다.[9] 이는 무엇을 의미할까?

'미확인 항공 우주-해저 현상' 도입이 의미하는 바

　　〈힐The Hill〉은 1994년에 미국 워싱턴 DC에서 창립

---

7 Legislation: Congressional Bills 117th Congress. From the U.S. Government Publishing Office. [S. 4503 Reported in Senate (RS)]. U. S. Senate Select Committee on Intelligence. (https://www.intelligence.senate.gov/legislation/intelligence-authorization-act-fiscal-year-2023-reported-july-12-2022)

8 Intelligence Authorization Act for Fiscal Year 2023 (July 20, 2022). U. S. Senate Select Committee on Intelligence. (https://www.intelligence.senate.gov/publications/intelligence-authorization-act-fiscal-year-2023)

9 사실 기존 2022 회계연도 국방수권법안의 1683조에 다음과 같은 내용이 있다. "transmedium objects or devices" means objects or devices that are observed to transition between space and the atmosphere, or between the atmosphere and bodies of water, that are not immediately identifiable.50 U.S. Code § 3373 - Establishment of All-domain Anomaly Resolution Office, Legal Information Institute 참조.

된 언론으로, 미국의 정치, 정책, 비즈니스 및 대외 관계를 다루는 시사 전문지이다. 미 의회는 물론 백악관과 그 밖의 정부 기관에 상당한 영향력을 행사하고 있다.[10] 이 신문의 2022년 8월 22일자에 '미 의회가 UFO들이 인간에 의한 것이 아닌 것이란 암시를 주고 있다.Congress implies UFOs have non‒human origins' 라는 다소 선정적인 제목의 글이 실렸다.

마릭 폰 레넨캄프Marik von Rennenkampff라는 정보 전문가가 쓴 이 글에는 UAP의 의미가 달라졌다는 사실이 바로 제목과 같은 바를 뜻한다는 주장이 담겨 있다. 즉, UAP가 '미확인 항공 우주-해저 현상'을 뜻하게 되면서 기존의 용어와 전혀 다른 '폭발적인' 의미를 담게 됐다는 것이다. 이 UFO에 대한 새로운 용어는 미 의회가 정의한 바에 따라 "우주와 대기 또는 대기와 물을 왔다갔다 하는 것transition between space and the atmosphere, or between the atmosphere and bodies of water"이 가능한 그 무엇을 가리키며 비록 현상phenomena이라는 용어를 그대로 사용하긴 했지만, 이른바 '매질을 넘나드는 물체들transmedium objects'을 뜻하게 됐다.

그에 따르면 한마디로 말해서 미국의 국가 안보에 초점을 두는 상원 위원회 핵심 멤버들이 우주와 대기 그리고 물속을 자유롭게 넘나드는 고등 기술력을 보여 주는 미지의 물체가 진짜로 존재한다고 믿고 있다는 것이다. 심지어 이 조항에 덧붙여진 주석에는 "미국 안보에 대한 초매질적 위협이 나날이 폭증하고 있다transmedium threats to United States

---

10 The Hill, Wikidepia.(https://en.wikipedia.org/wiki/The_Hill_(newspaper))

national security are expanding exponentially"라고 적시된 점을 강조한다.[11]

미 상원 정보위원회 위원들은 무엇을 봤을까?

레넨캄프는 상원 정보위 위원들이 아무런 근거 없이 법령으로 UAP의 정의를 바꾸지 않았을 것이라고 추론한다. 그는 이들이 비밀로 지정된 미확인 물체의 초매질 운행에 대한 센서 정보를 열람했을 것으로 추론한다. 그런데 이 문제는 2022년 5월 17일 미하원에서 열린 UFO 관련 청문회에서 거론된 바 있었다. 이때 민주당의 라자 크리슈나무르티 의원은 UAP를 감지할 수중 센서 보유 유무를 물었다. 이 질문에 대해 로널드 몰트리 국방부 차관은 비공개 청문회에서 다루자고 제안했다.[12] 비공개 청문회에서 뭔가 구체적인 UAP의 수중 운행에 대한 자료가 공개됐고 이 자료를 상원 정보 위원회에서도 공유하게 된 것이 아닐까?

실제로 2010년 12월에 DIA에 보고된 2004년 니미츠 항모 사건에

---

11 von Rennenkampff, Marik. 2022b.

12 미 국가정보국·국방부·중앙정보국. 2023. UAP, pp. 66~67. , House Intelligence, Open C3 Subcommittee Hearing on Unidentified Aerial Phenomena[1:09:01~1:09:16](https://www.youtube.com/watch?v=aSDweUbGBow)

2022년 5월 17일 개최된 미 하원 UAP 청문회에서 바다를 비롯한 수중에서 움직이는 UAP를 감지하기 위한 미 해군의 센서 장비에 관해 질의를 하고 있는 크리슈나무르티 의원 House Intelligence, Open C3 Subcommittee Hearing on Unidentified Aerial Phenomena[1:09:02~1:09:12](https://www.youtube.com/watch?v=aSDweUbGBow)

서의 틱-택 UFO의 속도와 가속도에 대한 물리적인 분석 보고서에 이런 내용이 담겨 있었다고 한다. ANSYS라는 공학 소프트웨어를 이용한 최신 시뮬레이션 기법으로 분석한 내용은 틱-택 UFO의 대기 중에서의 움직임에 관한 것뿐만 아니라 바다로의 진입 과정과 바닷속에서의 움직임에 대한 것까지 포함돼 있었다는 것이다. 이런 움직임은 프레이버 등 조종사들에 의해 목격된 것이 아니라 미 해군 소나 오퍼레이터[sonar operator]에 의해 포착된 것이다. 이 시뮬레이션은 그것이 당시 핵 잠수함 속도의 2배에 해당하는 70노트의 속도로 바닷속에서 이동했다는 사실을 보여 줬다고 한다.[13]

아마도 미 상원 정보위원회 위원들은 대기와 수중을 자유로이 오가는 틱-택 UFO에 대한 정보 보고서에 근거해 기존 '공중'의 의미에만 포함돼 있던 UAP에 '항공–수중'의 의미를 포함시켜 그 개념을 확장했을 것으로 추정된다. 한편, 최근 재정의된 UAP에서 우주가 추가된 것은 틱-택 UFO가 탄도 미사일 방어 레이더에 의해 대기권 바깥에서 대기로 진입한 기록을 근거로 삼았을 것이다.

우주에서 대기 중으로 그리고 다시 해저까지 자유자재로 넘나들 수 있는 비행체를 만들 수 있는 문명은 지구상에 존재하지 않는다. 이것이 바로 〈힐〉에 기고한 레넨캄프의 글에서 강조하는 바일 것이다.

---

13 Lacatski, James T. et al. 2021, p. 119., Daugherty, Greg & Sullivan, Missy. 2019.

chapter: 10

SETI와
UFO

1-336 (Rev. 1 10-63)

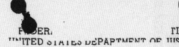

FEDER. TIO
UNITED STATES DEPARTMENT OF JUSTICE

ST-105

YOUR FILE NO. REC-126
FBI FILE NO.
LATENT CASE NO.

FBI
Date:

TO:

오무아무아는 통계적으로 엄청난 가외치^{outlier}이다. 매우 보수적으로 따져 봐도 그 형태, 회전, 광도만 놓고 볼 때 오무아무아가 자연 발생한 혜성일 확률은 100만분의 1이다. 우리의 기기로는 보이지 않는 가스 분출로 태양의 중력에서 벗어나는 편차를 설명하기 위해 그것을 구성하고 있는 물질을 고려하면 그런 것이 자연 발생할 확률은 여기에 다시 수천 분의 1을 곱해야 한다.

하지만 그게 다가 아니다. 오무아무아의 회전율이 변하지 않았다는 점은 매우 이상하다. 오무아무아 정도의 비중력 가속을 할 경우, 혜성들은 많은 질량 손실을 겪게 되는데 그럼에도 불구하고 지속적으로 회전 속도를 유지할 수 있는 혜성은 10,000개 중 하나가 될까 말까이다. 만일 오무아무아가 그런 희귀한 혜성 중 하나라면 이제 그런 것이 존재할 확률은 1조분의 1이 된다. …(중략)… 이런 확률은 그것이 혜성일 가능성을 믿기 어렵게 하며 대안을 찾게 한다. …(중략)… 우리는 비중력 가속과 관련해 이치에 딱 맞아떨어지는 가설을 내놓을 수 있었다. 오무아무아의 이상한 지속적 추진력은 태양광에 의해 제공됐다는 것이다.

Walters
Mohr
Bishop
Casper
Callahan
Conrad
Felt
Gale
Rosen
Sullivan
Tavel
Soyars
Tele. Room
Holmes
Gandy

Enc. (7)

RDF:mlg mlg
(4)

8 JUN 1970

MAIL ROOM ☑ TELETYPE UNIT ☐

MAILED 21

COMM-FBI

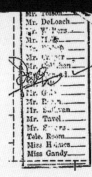

…(중략)… 하지만 태양 복사압은 그리 강력하지 않다. 만약 정말로 태양광이 원인이라면 계산상 오무아무아는 두께가 1mm 미만이고 너비가 20m는 돼야 한다. 우리가 아는 한 자연적으로 그런 형상을 띈 물체는 존재하지 않는다. 또 그런 것을 만들어 낼 수 있다고 알려진 자연적 과정도 없다. 그런데 인류는 그런 요건에 맞는 것을 만들어 낸 바 있고 심지어 그런 것을 우주로 쏘아 올리기까지 했다. 그것은 바로 '돛을 단 우주선^{lightsail}'이다.

— 아비 로브 교수의 저서 《외계인^{extraterrestrial}》 중에서

Approved: _____   Sent _____ M   Per _____
　　　　　Special Agent in Charge

Examination completed 4:00 PM. 5/28/70 Dictated 6/1/70
　　　　　　　　　　　　　Time　　　　Date　　　　　　Date

UFO에 관심을 보이는
하버드대 천문학과 아비 로브 교수

2022년 5월, 아리랑 TV에서 UFO 관련 인터뷰를 요청하며 외국에서 이 문제를 함께 논의할 수 있는 전문가를 추천해 달라고 했다. 나는 SETI 연구소 의장을 역임한 존 거츠[John Gertz] 박사, 현재 SETI 연구소 실무자인 세트 쇼스탁[Seth Shostak] 박사 그리고 하버드대 천문학과의 아비 로브[Avi Loeb] 교수를 추천했다. 방송사는 이들 중에서 로브 교수와의 인터뷰가 성사됐다고 알려왔다. 그리고 이 방송은 그해 5월 22일에 방영됐다.[1]

로브 교수는 2011년에서 2020년까지 하버드대 천문학과 학과장을 역임했다. 현재는 프랑크 베어드 주니어 과학 석좌 교수[Frank Baird Jr.]

---

1 Are UFOs real? South Korean, U.S. scientists analyse. Arirang TV (May 22, 2022). (https://www.youtube.com/watch?v=xYYwUJOe-dU)

2022년 5월 22일 아리랑 TV에서 방영된 대담 프로그램 〈UFOs: Are they real?〉의 한 장면. 왼쪽이 하버드대 천문학과 아비 로브 교수, 오른쪽이 필자이다.

Professor of Science로 있다.[2] 그는 2018년에 미 국립 아카데미National Academies 의 물리 및 천문학위원회Board on Physics and Astronomy, BPA의 위원장이 됐고 2020년에는 백악관 대통령 과학기술자문위원회President's Council of Advisors on Science and Technology, PCAST의 멤버가 됐다.[3]

이런 화려한 경력으로만 보면 그가 순수 학문에 정진해 온 매우 근

---

2 Department of Astronomy, Harvard University.(https://astronomy.fas.harvard.edu/people/avi-loeb)

3 Avi Loeb, Wikidepia.(https://en.wikipedia.org/wiki/Avi_Loeb)

엄한 인물일 것처럼 보이지만, 최근 그는 주변의 학자들에게 매우 기이하게 여겨질 정도로 적극적으로 UFO와 관련된 일을 벌이고 있다.

1950년대부터 1960년대까지 미국은 UFO 열기에 휩싸여 있었고 미 국방부는 대중적인 관심 때문에 골머리를 앓고 있었다. 이런 상황에서 하버드대 천문학과의 도널드 멘젤은 기상 이론으로 UFO를 설명할 수 있는 바탕을 마련해 미 국방부를 구해 준 은인이었다. 한편 그는 1960년대 초 칼 세이건을 하버드대 천문학과 교수로 영입하는 데 적극적인 역할을 했다.[4] 그는 세이건을 장차 천문학계를 이끌 재목으로 봤고 그를 적극적으로 도와줬다.

하지만 세이건은 멘젤과 UFO 문제에 있어서 대척점에 있었다.[5] 당시 세이건은 UFO와 외계인의 지구 방문 가능성을 믿고 있었던 것이다.[6] 결국 학문적으로 자유분방했던 세이건은 보수적인 하버드대의

---

4 Davidson, Keay. 1999. p. 138.

5 도널드 멘젤은 UFO가 외계로부터 오는 우주선이라고 주장하는 작가들이 칼 세이건을 UFO 외계 기원설의 주창자로 자리매김하는 것에 대해 못마땅해했다. 그러자 칼 세이건은 자신은 UFO 외계 기원설을 지지하지 않으며 그들이 자신의 주장을 잘못 이해하고 있다고 변명해야만 했다. Davidson, Keay. 1999. pp. 163~164 참조.

6 칼 세이건은 러시아 천문학자 이오시프 쉬클로프스키Iosif Shklovsky와 함께 쓴 책 《우주의 지적 생명체》에서 지구에 외계 문명의 방문이 있었을 확률을 계산한다. 그리고 지난 5,000년 역사에서 외계인이 한 번 정도 지구를 방문했을 수 있었을 것이란 가정을 해 본다. 이런 가정을 바탕으로 그는 지금까지의 역사나 종교 기록에서 외계인 방문 증거를 탐색해 본다. 그리고 그는 구약에 등장하는 선지자들이 목격한 신적 존재들이나 고대 메소포타미아 신화 속 문화 영웅인 압칼루Apkallu들이 바로 외계인들일 가능성을 검토해 본다. Shklovsky I. S. & Sagan, Carl. 1966. Intelligent Life in the Universe. pp. 452~462 참조.

학풍을 견뎌 내지 못하고 코넬대로 옮겨야만 했다.[7] 이런 하버드대에서 10년간이나 학과장을 지낸 아비 로브가 UFO의 실재를 적극 지지하고 나선 것은 매우 이례적인 사건이었다.

아비 로브 교수와 외계 생명체

로브는 오래전부터 외계 생명체 탐사에 대한 관심을 보였다. 오랫동안 외계 생명체를 연구한 천문학자여서 그런지 그는 우리의 의미를 외계인들과의 관계에서 찾으려고 한다. 그는 모든 천문학적 데이터 중에 외계 생명체를 찾아내는 것이 우리의 시야를 넓히는 데 가장 큰 영향을 끼칠 것이라고 단언한다. 그가 제시하는 외계 생명체의 흔적을 발견할 가능성은 두 가지이다.

첫째, NASA와 ESA의 무인 탐사 로봇을 이용한 화성 표면 조사를 통한 원시 생명체 발견이다(이 결과는 부정적으로 드러났다).

둘째, '우주 고고학space archaeology'을 통한 기술적 외계 문명이 보내는 신비로운 신호나 인공적인 시설물을 확인하는 것이다.[8]

---

7 Morrison, David. Carl Sagan: The People's Astronomer.(https://ejournals.library. vanderbilt.edu/index.php/ameriquests/article/view/84/92)

8 Strauss, Mark. 2015.

한편 그는 우리의 존재에 대해 두 가지 가설을 제시한다.

첫 번째 가설은 우리가 다른 외계 문명인들에 의해 지구에 입식됐을 가능성을 바탕으로 한 것이다. '지향적 범종설directed panspermia'이라 불리는 이런 가설은 1971년에 DNA의 공동 발견자 프랜시스 크릭Francis Crick이 주창한 것이다.[9] 로브는 이런 가설이 옳다면 우리 생명의 목적이 외계인들에 의해 생명 합성 과정에 도입된 어떤 청사진에 정의돼 있을 것이라고 본다. 만약 그렇다면 우리는 어떤 목표를 달성하도록 만들어졌을 것인데, 그럴 경우 도대체 그 목표가 무엇이며 과연 우리가 그 목표를 달성한 것인지 묻고 있다.

두 번째 가설은 좀 더 주류 학계에서 지지하는 것으로, 우리 생명체가 고립된 원시 지구에서 독립적으로 유기물의 혼합 용액으로부터 무작위적 과정으로 발생했고 진화해 왔다는 모델이다. 이런 경우에도 우리는 외계의 문명들과의 교신을 통해 우리 생명의 의미를 찾을 수 있다고 본다. 우리가 다른 지적 생명체와 접촉을 달성할 경우, 그것에 의해 도입되는 새 관점은 우리의 시야를 크게 변화시킬 것이라고 본다. 이 경우 반드시 그들이 우리보다 훨씬 지적으로 성숙할 것이며 아마도 그들로부터 보다 깊은 생명의 의미를 알아낼 수 있으리라는 것이 그의 전망이다.[10]

---

9 Crick, F.H.C. & Orgel, L.E. 1973., Orlic, Christian. 2013.

10 Loeb, Avi. 2020.

오무아무아의 기원

  아비 로브는 오랜 기간 동안 외계 생명체에 대해 탐구해 왔지만, 특히 최근 들어 이 문제에 매우 많은 관심을 보이고 있다. 인류 최초로 관측된 우리 태양계 밖에서 안쪽으로 날아와 관통해 지나간 항성 간 물체 오무아무아Oumuamua 때문이다.[11]

 이 물체는 흔히 태양 주변을 도는 행성들처럼 중력에 따른 가속이 아니라 무시하지 못할 비중력 가속을 했다는 사실 때문에 논란이 됐다. 주류 학계는 이 물체가 혜성처럼 많은 얼음을 내포하고 있어 기화에 따른 비중력 가속이 일어난 것으로 봤지만, 로브는 이런 주류 학계의 관점을 정면으로 반박했다. 만일 그랬다면 혜성처럼 뒤로 꼬리가 나타나 보였어야 하는데 그런 것이 없었고 혜성 토크에 의해 그 물체의 회전 주기가 크게 변했어야 하는데 그런 조짐도 없었다는 것이다.[12]

 2018년 10월 로브는 오무아무아가 비중력 가속을 일으킨 원인을 혜성과 같은 메커니즘에 따른 것이 아니라 태양광압에 따른 것이라고 주장했다. 그리고 이런 조건에서 관측된 것과 같은 궤도 이탈을 일으키기 위한 그 물체의 질량 대비 표면적 조건을 어림 계산해 그것이 매우 얇은 판 형태라는 결론에 도달했다. 실제로 그것이 관측된 데이터가 충분하지 않기 때문에 그 정확한 형태를 알 순 없지만, 그것이

---

[11] Oumuamua, NASA Science.(https://science.nasa.gov/solar-system/comets/oumuamua/)

[12] Loeb, Avi. 2018., Loeb, Avi. 2021.

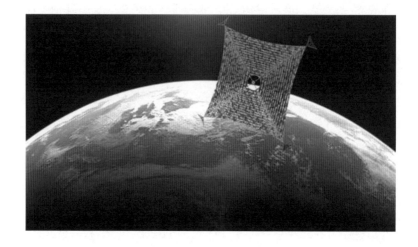

NASA에서 태양광압을 동력원으로 태양 주변을 운행하도록 한 얇은 패널 형태의 우주 선인 선재머 코스믹 아카이브^{Sunjammer Cosmic Archive, SCA}

(https://www.foxnews.com/science/sir-arthur-c-clarke-finally-going-to-outer-space-on-sunjammer-solar-sail-spacecraft)

편평한 판 형태이거나 굴곡이 진 판 형태, 또는 속이 빈 원뿔이거나 타원체일 수도 있다는 것이다. 질량 대비 면적비가 우리 태양계에 존재하는 암석형 행성이나 혜성과는 비교할 수 없을 만큼 획기적으로 크기 때문에 오무아무아는 이들과는 전혀 다른 성격의 물체라고 규정한다. 그리고 그 물체의 궤도 이탈이 태양광압에 따른 것이라면 그것이 우주에서 우리가 알지 못하는 자연적인 과정을 통해 우연히 만들어진 구조물이거나 인공적으로 만들어진 것일 수 있다고 지적한다. 그리고 후자의 경우에는 그것이 광압을 동력원으로 한 항성 간 우주 여행을 위해 만들어진 고도의 기술력이 투입된 우주선일 가능성이 있다는 것이다.

더 나아가 그는 오무아무아가 외계 문명에 의해 의도적으로 우리 태양계에 보내진 탐측선일 가능성도 언급하고 있다. 만일 오무아무아와 같은 천체가 우주에서 매우 무작위적으로 만들어지고 무작위적인 궤적을 갖는다고 가정해 시뮬레이션을 하면 그런 것들이 우주에서 차지하는 밀도가 매우 높아야 하는데, 이는 지금까지 알려진 이론적인 모델에 크게 위반된다는 사실을 지적하며 이런 모순을 해결할 방법은 그것이 무작위적 궤도가 아닌 계획된 궤도를 따라 움직였다는 가정이 합리적이라는 것이다.[13]

---

13 Shmuel Bialy, Abraham Loeb, Could Solar Radiation Pressure Explain 'Oumuamua's Peculiar Acceleration?", The Astrophysical Journal. Vol. 868, No.1, 2018, L1. arXiv:1810.11490.(https://arxiv.org/pdf/1810.11490.pdf)

오무아무아와 UAP

공교롭게도 오무아무아가 발견된 시기와 〈뉴욕 타임스〉에 의해 미 국방부의 비밀 UFO 프로젝트가 공개된 시기가 거의 비슷하다. 앞에서 살펴본 바와 같이 아비 로브는 우리 지구가 외계 문명에 의해 방문을 받았을 가능성이 높다고 보는 입장인데, 지구 기술로 설명할 수 없는 괴비행체들을 미 해군의 레이더와 조종사들에 의해 포착됐다는 기사는 그를 매우 고무시켰음에 틀림없다.

2021년 6월 〈사이언티픽 아메리칸〉의 블로그에 쓴 글에는 그동안 학자들이 금기시했던 UFO(UAP)가 다음과 같이 제목에 포함돼 있었다. '오무아무아와 UAP: 만일 몇몇 UAP가 외계 기술로 판명된다면 그것들은 후속 우주선을 위해 예비된 센서들일 가능성이 있다. 만일 그 우주선이 오무아무아라면?'

단지 UAP가 제목에 등장했다는 것이 문제가 아니라 부제를 포함한 제목이 독자들에게 던지는 메시지가 매우 선정적이고 도발적이라는 점이 더 큰 문제이다. 부제에서 그의 기고 의도가 매우 명백히 드러난다. 그는 1947년 이후 지구상에 수차례 출현해 문제를 야기했던 UFO들이 어떤 외계 문명에 의해 보내진 것으로 오무아무아가 이들 UFO와 깊은 연관이 있을 수 있다는 것이다.

그가 이 글을 썼던 때는 미 국방부의 예비 분석 보고서가 공표되기 직전이긴 하지만, 이미 CBS TV의 인기 대담 프로그램 〈60분Sixty Minutes〉에서 데이빗 프레이버 등 미 해군 조종사들이 인터뷰를 한 시

점이었다. 아마도 그는 이 인터뷰에 매우 깊은 인상을 받았을 것이며 이들이 묘사하는 UAP가 고도의 외계 문명에서 만든 탐측선일 가능성을 고려하게 된 것 같다. 그는 이 글에서 우주에서 우리가 외롭지 않은 존재라는 증거들이 최근 드러났다고 말한다. 그런 증거들이 오무아무아와 UAP라는 것이다.

UAP가 중국이나 러시아에서 온 것이라면 그것은 국가 안보 문제로 절대 대중에게 공개를 하지 않았을 것이지만, 공개를 했고 의회에서는 몇몇 UAP가 진짜지만 그 기원은 모른다고 했다는 점에 주목한다. 그렇다면 그것이 지구상의 자연 현상이거나 지구 바깥에서 온 그 무엇일 텐데, 이 경우 더 이상 국가 안보 문제가 아닌 과학의 영역에 해당하며 국가 공무원들이 아니라 민간 과학자들이 관심을 갖고 연구해야 할 과제라는 것이다.

그는 오무아무아 수준의 작은 천체를 관측할 수 있는 시설이 개발되기 이전에 이미 그와 유사한 우주선이 우리 태양계를 지나갔을 가능성이 있고 이때 그것이 작은 탐지선들을 우리 지구의 대기 중에 뿌렸을 가능성을 제기했다. 바로 그것이 UAP라는 것이 그의 추론이다. 그는 이런 가능성을 확인하기 위해서는 UAP의 정체를 제대로 파악할 필요가 있다고 주장한다. 놀랍게도 세계적으로 가장 명성이 높은 천문학자 중 한 명이 UFO 조사에 적극 동참해야 한다고 〈사이언티픽 아메리칸〉 인터넷 사이트에 만든 그의 블로그를 읽고 있을 전 세계의 과학자들에게 호소하고 있는 것이다!

그는 이를 위해 광역 망원경에 카메라를 장착해 UFO 보고가 잦은 지역의 하늘을 모니터해야 한다고 주장한다. 지금까지 정부가 그들이 만든 고성능 센서로 하늘을 감시해 왔는데 이젠 민간이 나서서 그런 관찰을 해야 할 때라는 것이다. 하늘 관측은 누구에게나 자유이기 때문이다. 그럼으로써 과학자들이 UFO에 대한 공개적 자료를 매우 투명하게 분석할 수 있고 이로써 이와 관련된 미스터리를 풀 수 있다는 것이다.[14]

갈릴레오 프로젝트

2022년 7월 아비 로브 교수는 메사추세츠에서 과학 기기를 제작하는 회사인 브루커사Bruker Corp. 를 운영하는 프랭크 라우키엔Frank Laukien과 함께 갈릴레오 프로젝트를 시작했다.[15] 이 프로젝트의 목적은 외계인이 지구나 달에 설치하거나 보낸 탐측선을 찾는 것이다. 우리가 흔히 UFO라 부르는 것이 바로 이에 해당한다.

이 프로젝트는 하버드-스미소니언 천체물리센터에 본부를 두고 외계 기술적 특징extraterrestrial technological signatures을 우연이든 의도적이든 관

---

14 Loeb, Avi. 2021.

15 Dobrijevic, Daisy. 2021.

측을 통해 찾아낸 후 투명하고 합당하며 체계적인 연구의 범례를 남기자는 것이다.

또한 이 프로젝트는 최근까지 생명체가 살 수 있을 것 같은 외계 행성들이 많이 발견된 것으로부터 우리 주변에 외계 생명체가 존재한다는 낙관적인 가정을 할 필요가 있으며 우리가 더 이상 우리 주변에 외계 기술 문명들Extraterrestrial Technological Civilizations, ETCs이 다가와 있을 가능성을 무시하지 말아야 한다는 것이다.

이를 위해 그는 "편견 없는 경험적 탐구의 과학적 방법에 도움이 되지 않는 사회적 낙인이나 문화적 선호 때문에 과학이 잠재적인 외계인 설명을 거부해서는 안 된다. 이제 문자 그대로나 비유적으로나 과감히 새로운 망원경을 들여다봐야 한다."라고 주장한다.

그는 향후 관측하려고 하는 타깃을 정확히 설정해서 말했다. 그는 해군들이 레이더, 적외선 센서, 전자-광학 센서, 무기 추적기weapon seekers 그리고 육안 등 다중 센서를 통해 UAP를 목격하고 있고 또 지금까지 보아온 그 어떤 외계 천체와 다른 특성을 보이는 오무아무아라는 외계로부터의 비행체의 방문을 받았는데, 갈릴레오 프로젝트의 목표가 이와 같은 두 종류 물체들의 진정한 속성을 확인함으로써 관련 논란을 종식시키는 데 있다는 것이다.[16]

---

[16] Dobrijevic, Daisy. 2021.

미국 캘리포니아 마운틴 뷰Mountain View에 SETI 연구소Institute가 소재하고 있다. 이 연구소는 1984년에 설립된 민간 단체이다. 하지만 국가적인 SETI 계획이 진행되고 있지 않은 상황에서 외계의 지적 생명체 탐사에 관심이 있는 과학자들의 구심점 역할을 하고 있다.[17]

2014년 이 연구소의 소장인 댄 워디미어Dan Werthimer와 선임 연구원인 세스 쇼스탁Seth Shostak은 미 상원 과학, 우주, 기술위원회House Committee on Science, Space and Technology 위원들과의 대담에서 "외계인들이 존재할 가능성은 거의 100%"라고 주장하면서 국가 차원의 SETI 계획 재개를 요구했다.

워디미어는 "우리가 이 광활한 우주에서 혼자인 것이 더 이상하지 않겠는가?"라고 말하며 미국 정부가 외계 생명체를 찾는 연구에 대한 지원을 계속해야 한다고 주장했다. 또 쇼스탁도 "이 우주에 1조 개도 넘는 행성들이 있다. 생명체가 존재할 곳은 많다"라며 "모든 별은 대부분 행성이 있고 이 행성들 중에 지구와 비슷한 환경을 가진 행성이 5분의 1은 될 것"이라는 희망적인 주장을 했다. 워디미어와 쇼스탁은 "외계인들이 지구를 한 번이라도 방문한 적은 없는 것으로 보인다"라고 말했다.[18] 한편 같은 해에 쇼스탁은 유럽 연합 공식 매거진 〈호라이즌Horizon〉과의 인터뷰에서 우리 생애주기 안에 외계인들로부

---

17 SpaceRef Editor. 2021.

18 Kim, Tong-hyung. 2014.

터 신호를 받을 것이라고 말했다.[19]

2020년, 쇼스탁은 미 해군 조종사들이 촬영한 동영상을 SETI 연구소 홈페이지에 게재했다. 그는 이 동영상들과 관련해 상당히 고무적인 견해를 피력한다. 이것들에 대해 미 해군의 공식적인 설명이 불가능하다는 사실을 놓고 그는 미 해군에는 엄청난 인재들이 있는데 만일 그곳의 전문가가 이 동영상에 대해 결론을 내리지 못한다면 답은 매우 간단하다고 말한다. 그 답은 뭘까? 그는 "인공위성, 배, 민항기에서 찍힌 다른 UFO들 영상과 함께 그 동영상들은 외계인 존재에 대한 매우 믿을 만한 증거라고 생각한다"라고 말했다.[20]

쇼스탁은 몇 년 전 〈비즈니스 인사이더〉와의 인터뷰에서 "외계인 방문에 대한 보고가 50년 동안 있어 왔지만 진짜로 그들이 오고 있다는 증거는 아직 나타나고 있지 않다"라고 말하면서 "수십만 광년을 여행한 그들이 여기까지 와서 별 시덥지 않은 일들을 하고 있을 확률은 제로에 가깝다"라고 말한 적이 있었다.[21] 그러던 그가 최근 NBC 뉴스에서 미 해군 UFO 동영상들과 관련해 보낸 질의에 대한 이메일 답신에서 "미 해군 조종사들 사례가 외계인들의 지구 방문 증거라고

---

19 Deighton, Ben. 2014.

20 Shostak, Seth. 2020.

21 Mosher, Dave. 2018.

보지 않을 이유가 전혀 없어 보인다"라고 지적했다.[22]

SETI 연구의
새로운 지평

지난 50여 년간 추진된 외계로부터의 유의미한 전파 신호를 추적하는 SETI 계획은 그 자체로는 아무런 성과를 얻지 못했다. 이 계획은 지적인 외계인의 자취를 좇는다는 측면에서 UFO 조사 연구와 궤를 같이하는 것처럼 보이지만, 지금까지 그 밑바탕에 깔린 철학이나 관심자들의 층위가 극명하게 갈렸다. 그런데 쇼스탁의 예에서 알 수 있듯이 최근 이런 조류에 뚜렷한 변화가 일어나고 있다.

쇼스탁의 생각은 단지 소수 SETI 관련자들의 견해가 아닌 것 같다. SETI 연구소 운영위원회 의장을 역임한 존 거츠John Gertz는 최근 〈사이언티픽 아메리칸〉에 기고한 글에서 "외계인이 보낸 전파 신호보다 탐

---

22 Seth Shostak, senior astronomer and institute fellow at the SETI Institute in Mountain View, California, said in an email Wednesday night that all that the Navy did with its confirmation of the videos and the "unidentified aerial phenomena" was confirm that the videos were authentic. "The videos weren't really being questioned. What IS being asked is 'what the heck are these things?'" Shostak, a regular contributor to NBC News MACH, said in an email. "Now I think if the answer were easy, that would be known by now. But when I look at these things I see no reason to consider them good evidence for 'alien visitation,' which is what the public likes to think they are." Gains, Mosheh & Helsel, Phil. 2019.

측선을 찾아볼 때가 됐다"라고 말하면서 이제 SETI 계획과 UFO 연구가 궤를 같이 할 시기가 무르익고 있다"라고 주장했다. 매우 조심스러운 태도이긴 하지만, 그는 미 해군 조종사들이 목격하고 있는 UFO가 어쩌면 외계인들이 보낸 탐측선일 가능성이 있다고 생각한다. 이 주장은 아비 로브 교수의 주장과도 일맥상통한다.

거츠는 만일 그것이 사실이라면 UFO가 보여 주는 극도의 가속도를 고려할 때 그곳에는 로봇이 타고 있을 가능성을 제기한다. 〈사이언티픽 아메리칸〉이 자사의 견해와 무관함을 밝히고 있는 기고글에서 거츠는 이제 많은 SETI 연구자가 최초의 지적 외계인들의 흔적을 다른 곳이 아닌 우리 태양계, 특히 지구에서 찾아낼 확률이 매우 높다고 믿고 있다는 사실을 강조하고 있다.[23]

그의 주장은 1940년대에 제기된 '페르미 패러독스Femi paradox'와 '폰 노이만 기계 가설hypothesis of von Neumann machines or probes'과 관련이 있다.[24] 이탈리아 물리학자 엔리코 페르미Enrico Fermi는 "확률적으로 계산해 볼 때 우리 은하가 외계 문명에 의한 식민지화돼 있고 따라서 지구상에 이미 외계인들이 도달해 있어야 하는데 왜 그런 흔적을 볼 수 없느냐?"라고 반문한 적이 있다. 이를 '페르미 패러독스'라고 부른다.[25] 존 폰 노이만John von Neumann은 헝가리 혈통의 미국인 수학자 및 물리학자, 컴

---

23 Gertz, John. 2021.

24 Gertz, John. 2020.

25 Gertz, John. 2017.

퓨터 과학자로, 만일 외계에 고도로 발달한 문명이 존재한다면 스스로 수리 및 번식을 하면서 멀고 먼 우주 탐색을 해낼 수 있는 로봇 탐사선을 개발했을 것이라고 생각했다. 이런 유형의 로봇 탐사선을 '폰 노이만 기계'라고 부른다.[26] 이제 이런 1940년대에 제안된 아이디어들이 현실화되는 것을 우리가 보고 있는 것일까?

젊은 시절 칼 세이건은 외계인들이 지난 5,000년 역사 속에서 이미 지구를 1번 이상 다녀갔을 것이라는 굳은 믿음을 갖고 있었다. 그리고 고대 신화 속에서 인류에게 문명을 전해 줬다는 문화 영웅들이 어쩌면 이런 외계인들이었을 가능성을 점쳤다. 하지만 그는 50년 전 본연의 SETI 계획이 원활하게 추진되도록 하기 위해 국가 차원의 UFO 연구 조사를 저지하는 데 일조했다. 오늘날 SETI 계획에 참여하고 있는 영향력 있는 연구자들이 조심스럽게 UFO를 언급하고 있는 상황은 이제 젊은 시절 세이건이 꿈꿨던 외계 문명과의 직접적 접촉이 현실로 다가오고 있다는 것을 암시하는 것은 아닐까?

---

26 Self-replication Spacecraft, Wikipedia.(https://en.wikipedia.org/wiki/Self-replicating_spacecraft)

나가는 글

1947년 6월 24일, 케네스 아널드가 UFO 편대를 목격하고 집에 돌아왔을 때 그의 가족들은 이상한 현상을 체험했다. 한밤중 집안에 형형색색의 광구들이 나타나 떠돌아다녔던 것이다. 이런 현상이 이전에 발생한 적이 없었기 때문에 그의 가족들은 케네스 아널드가 UFO를 목격한 것과 관련 있을 것이라고 생각했다.

1996년 여름, 광구들의 범람과 소들의 도륙 사건 등 이상한 일들에 시달리던 유타 주 유인타 분지 목장 일가족은 더 이상 견디지 못하고 가족 회의를 통해 그 목장을 떠나기로 했다. 이 목장의 소문을 들은 인근 네바다 주의 부동산 재벌 로버트 비겔로우Robert Bigelow가 그 목장을 사들였다. 그는 1990년대 초반부터 UFO 문제를 조사 연구하는 NIDS라는 팀을 운영하고 있었는데, 이 팀을 10월부터 문제의 목장에 투입했다.

그 팀은 그 목장 인근 주민들을 인터뷰해 상황들을 체크했다. 특히 유타 주에 살고 있던 인디언들은 조사에 매우 협조적이었다. 그들을 조사한 결과, 몇몇 부족이 수십 년 동안 하늘에 떠다니는 이상한 비행체를 목격한 것으로 드러났다. UFO 출현은 단지 목장 안에 국한됐던 것이 아니라 그 일대에서 자주 일어났던 것이다. 그 목장 주변의 다른 목장 주인들은 가축 실종에 대한 문제를 거론했다. 종종 소들이 목장 내부가 아닌 바깥의 엉뚱한 장소에서 발견됐다는 것이다. 그런데 목장 담장은 전혀 손상되지 않아 매우 의아해 했던 적이 여러 번 있었다고 했다.

1996년 11월 10일, 목장 관리인이 네바다 주 NIDS 본부에 전화를 해 UFO 출현을 알렸다. 그 다음 날 조사팀이 목장으로 날아가 야간 감시를 시작했다. 11월 13일 새벽 1시 30분경, 조사팀 일행은 드디어 UFO를 목격하게 됐다. 그들이 몇 시간 동안 하늘을 주시하고 있던 중 갑자기 어디선가 밝은 노란 빛 덩어리가 나타났다. 그것은 제트기처럼 빠른 속도로 날았지만, 아무런 소리를 내지 않았다. 그것은 일행에게 가까이 다가와 360도로 원을 그리며 비행하더니 다시 원래 나타났던 곳으로 날아갔다.

1997년 3월 10일, 문제의 목장에서 낳은 지 얼마 안 되는 송아지가 도륙되는 사건이 발생했다. 목장 관리인은 자신이 그 송아지 근처에 있었는데, 아무런 기척도 느끼지 못하는 사이에 그런 사건이 발생했다고 했다. 살해된 송아지의 상태는 매우 소름끼쳤다. 뭔가가 강력한 힘으로 송아지의 사지를 절단하고 내장을 깨끗이 제거해버렸던 것이다. 또 사체 주변에도 핏자국이 전혀 없었다. 마치 초강력 진공청소기로 빨아낸 것 같은 상태였다. 주변의 풀잎이나 송아지 가죽에서조차 핏자국을 발견할 수 없었다.

1997년 4월에는 가축들이 흔적도 없이 사라졌다가 전혀 엉뚱한 장소에서 발견되는 일들이 발생했다. 팀원들이 조사를 했지만, 합리적인 설명을 할 수 없었다. 또 어느 날은 뭔가 보이지 않는 존재가 무리지어 모여 있는 소떼 사이를 뚫고 지나가는 것처럼 보이는 장면이 목격되기도 했다. 갑자기 소들이 모세가 홍해를 가르듯이 갈라지곤 했던 것이다. 그 후 이웃 목장에서 UFO를 발견하고 팀원들에게 연락을 하는 소동이 있었지만, 정작 팀원들은 그 UFO를 보지 못했다. 이런 식으로 좀 이상하지만 결정적인 증거라고 보기 어려운 사건들이 반복되면서 1997년은 지나가고 있었다.

이처럼 목장에서 일어나는 일은 객관적인 측면보다 주관적인 측면
이 강했다. NIDS 팀원들은 매우 잘 빠져나가는 사냥감을 사냥하며
거의 1년 동안을 허비하고 있었다. 처음부터 계획했던 객관적 증거
확보를 마치 비웃는 듯이 미지의 존재에 의한 보여 주기 게임이 진행
되고 있었던 것이다. 원래 그들은 전목장 주인과 그 가족들이 자주 그
리고 비교적 긴 시간동안 목격했다고 하는 파랗고 노란 광구들이나
스텔스기를 닮은 괴비행체들의 사진이나 동영상을 촬영할 준비를 하
고 그곳에 갔다. 하지만 자신들이 놀려 주기 편했던 평범한 가족들이
아니라 전문적인 장비를 챙겨 의도를 갖고 온 까다로운 존재들이라
는 사실을 알기라도 하듯이 그 현상은 드물고 매우 순간적으로만 나
타났다. 유타 주 목장에서의 기현상은 1997년이 다 가도록 이와 같은
감질나는 양상을 반복해 보여 줬고 그 이후 2000년대에 접어들 때까
지 특별히 기록으로 확보할 만한 증거는 나오지 않았다.

2004년 NIDS팀이 해체됐다. 그리고 다음해인 2005년《스킨워커
사냥Hunt for the Skinwalker》이라는 제목의 책이 세상에 나왔다. 이 책에는
1994년부터 유타 주의 목장에서 일가족들에게 일어난 사건들, 인근
인디언과 이주민들의 전해오는 이야기 그리고 NIDS팀이 1996년부
터 활동하면서 체험한 내용들이 포함돼 있었다.

이 문제는 어쩌면 미국의 한적한 시골 목장에서 있었던 한 일가족의 기이한 이야기와 이를 조사하려던 민간 연구자 그룹의 별 성과없는 그저 그런 이야기로 끝났을 수 있었다. 미국 DIA 간부가 끼어들기 전까지는….

2000년대 초 미국 DIA 최고위 간부 제임스 라카츠키James Lacatski는 방어 경보실Defense Warning Office에서 매년 이뤄지는 미사일 위협 평가 책임자로 활동하고 있었다. 2007년 그는 《스킨워커 사냥》을 읽었고 UFO 문제에 깊은 관심을 갖게 됐다. 대공 방어 체계 정보 전문가인 그에게 이 책에 등장하는 비행체들은 미국 방어 체계에 포착되지 않고 비밀리에 활동할 수 있는 첨단 무기였다. 놀라운 비행 능력을 갖춘 다양한 형태의 비행체들이 조용히 미국의 한적한 시골구석에서 누군가에 의해 실험되고 있는 것이 틀림없었다. 만일 그것이 사실이라면 이와 유사한 실험이 어딘가 다른 곳에서도 이뤄지고 있지는 않을까? 도대체 그런 첨단 비행체를 개발한 자들의 정체는 무엇일까? 그리고 이런 비밀 실험을 하는 이유는 뭘까? 라카츠키의 머릿속에 끊임없이 의문이 떠올랐다. 그는 이 책을 직장 동료인 조나단 액셀로드Jonathan Axelrod에게 소개했다. 그 해 6월 초 그와 액셀로드를 포함 다른 동료들이 이라크 바그다드의 '그린 존Green Zone, 원래 이라크 정권의 본부 역할을 했던 바그다드 국제 지역으로, 2003년 미군에 의해 점령됐음'에서 비밀 임무를 수행하는 동안 가장 인기 있는 책이 됐다. 미 국방부의 방어 경보 전문가들 대부분이 UFO 문제를 심각하게 받아들이게 된 것이다.

2007년 6월 19일, 라카츠키는 로버트 비겔로우에게 직접 편지를 써서 그가 소유하고 있는 문제의 목장을 방문하고 싶다고 했다. 라카츠키가 비겔로우와 함께 목장을 방문한 것은 그해 7월 26일이었다. 목장의 관리인 집에서 환담 중에 라카츠티는 반투명의 노란색 빛의 튜브 형태 물체가 갑자기 집안에 나타난 것을 봤다. 그런데 이상하게도 그 방에 있는 다른 사람들은 그것의 존재를 전혀 눈치채지 못하고 있었다. 라카츠키는 자신이 헛것을 본 것이 아닌가 싶어 시선을 다른 곳으로 잠시 돌렸다가 그것이 있던 쪽을 다시 주시했다. 놀랍게도 그것은 여전히 그곳에 둥둥 뜬 채 머물러 있었다. 이렇게 약 30초간 보이던 그것은 순식간에 그의 시야에서 사라져버렸다.

이 사건은 라카츠키에게 큰 충격을 줬다. 보통 사람들이 이런 현상을 체험했다면 그것이 유령이거나 그 밖의 초자연적 현상이라고 판단했을 것이다. 하지만 초첨단 무기 체계 분석가인 그의 눈에 그것은 개개인에게 맞춤형으로 출현할 수 있도록 하는 최신 기술 중 하나로 보였다. 그는 누군가가 아직 미국의 무기 체계에서 제대로 구현할 수 없는 첨단 기술을 개발해서 이 목장과 그 주변에서 시연을 하고 있는 것이 틀림없다고 판단했다. 그는 이 목장에서 일어나고 있는 사건을 체계적으로 조사 분석할 방법을 찾기 시작했다.

라카츠키는 비겔로우에게 DIA에서 이 문제를 다룰 수 있도록 도와줄 것을 요청했다. 비겔로우는 그가 오랫동안 후원한 네바다 주 상원 의원으로, 당시 여당이던 민주당 상원 대표를 맡고 있던 해리 레이드Harry Reid에게 공중 공격 체계 전문가이자 DIA 고위 요원인 라카츠키의 의사를 전달했다. 그는 라카츠키를 직접 만나 보기로 했다. 그가 이런 결심을 한 것은 1996년 비겔로우의 초청으로 NIDS팀이 개최한 UFO 컨퍼런스에 당시 상원 의원이었던 미국의 우주인 영웅 존 글렌John Glenn과 함께 참여한 후 UFO 문제가 과학적으로 중요한 이슈라고 생각하기 시작했기 때문이었다.

미팅이 있고 나서 레이드는 상원 자금 책정 국방 소위원회 위원들을 설득해 2007년부터 2012년까지 5년간 DIA에서 UFO 조사를 할 수 있도록 조치하는 데 성공했다. 준비 기간이 걸려 실제로 DIA 조사를 위한 '첨단 우주항공 무기 체계 응용 프로그램Advanced Aerospace Weapon System Applications Program, AAWSAP'이 가동되기 시작한 것은 2008년부터였다.

이 프로그램의 책임자는 제임스 라카츠키였으며 실무적인 일을 추진하기 위해 로버트 비겔로우가 설립한 '비겔로우 우주 항공 고등 우주 연구Bigelow Aerospace Advanced Space Studies, BAASS'에 용역을 줬다.

이 프로그램은 원래 계획대로 5년을 채우지 못하고 2년 동안 운영됐는데, 거기에는 그럴 만한 이유가 있었다. AAWSAP의 처음 설립 목적은 유타 주의 목장을 중심으로 UFO 관련 조사를 하기 위한 것이었다. 하지만 초기 추진 과정에서 2004년 니미츠 핵 항모 UFO 사건에 대해 알게 되면서 이 조직 임무가 둘로 나뉘었다. 그런데 유타 주 목장과 관련된 조사 과정에서 이런저런 이상한 문제가 발생하면서 사태가 걷잡을 수 없이 흘러가기 시작했다.

목장을 직접 방문한 조사 요원들 중에는 엑셀로드를 포함한 DIA 고위 관료들이 있었다. 그들은 목장에서 별다른 이상한 현상을 보지 못했다. 그런데 그들이 수천 km나 떨어진 각자의 집에 귀가한 후 그들의 가정에 매우 이상한 일들이 반복되기 시작했다. 그들의 집안에 파랗거나, 노랗거나, 빨갛거나 하얀 광구들이 나타났다. 또 그림자 같은 존재들이 밤중에 어른거리거나 심지어 침대 근처에 있는 것을 보는 일들이 발생했다.

처음부터 유타 주 목장 관련 사건들은 현대 과학의 잣대로 볼 때 그 경계를 넘어선 현상들이었다. DIA UFO 조사 프로그램을 주도한 라카츠키는 이런 측면을 무시하고 그것을 첨단 과학의 산물로 판단했다. 하지만 그것은 잘못된 판단이라는 것이 점차 드러나게 됐다. 그들이 겪은 이상한 현상은 단순히 어떤 첨단 기술의 산물로 보기 어려웠다. 그것은 인류가 오래전부터 겪어온 종교적 유산과 연관됐을 수 있다고 판단하는 이들이 생겨나면서 프로그램 참여자들 간에 논란이 발생했다. 이런 이상한 현상에 대한 내용은 제거하고 2004년 니미츠 핵 함모 UFO 사건과 같이 명백히 현대 과학의 잣대로 측정할 수 있는 것들만 중간 결과 보고서에 포함시키자는 측과 이를 반대하는 측이 대립하게 됐다. 결국 책임자인 라카츠키가 편을 든 후자가 승리하고 2010년 중간 보고서에 그들이 조사한 모든 내용이 담겼다. 그리고 이를 본 미 국방부 고위층의 판단은 프로그램 중단이었다.

2017년 〈뉴욕 타임스〉와의 인터뷰를 통해 자신이 미 국방부 비밀 UFO 프로그램 책임자라고 밝힌 루이스 엘레존도Luis Elizondo는 원래 액셀로드 밑에서 2004년 니미츠 핵 함모 UFO 사건을 조사했던 일원이었다. 그는 UFO 현상의 비물질적 특성을 내세우려는 라카츠키에게 반발했고 결국 그 와중에 물리적 UFO 특성에 중점을 둔 그룹의 지휘자로 나섰던 것으로 보인다.

미 국방부 내부에서 2010년경에 있었던 갈등은 UFO 현상의 본질에 도사리고 있는 문제를 우리에게 명확하게 일깨워 준다. 그 현상은 아직 우리 과학 패러다임으로 해석할 수 없는 부분이 포함돼 있다는 것이다. 하지만 다른 한편으로 거기에는 명백히 우리가 접근할 수 있는 과학적 좌표가 존재한다는 희망적인 부분도 존재한다.

저명한 SF 작가 아서 클라크^{Arthur Clarke}는 "충분히 발달한 기술은 마술과 구분되지 않을 것"이라고 했는데 이를 응용해서 마이클 서머^{Michael Shermer}는 "충분히 발달한 외계 지성체는 전지전능한 신과 구분되지 않을 것"이라고 했다.[27] 2000년대에 DIA가 다뤘던 UFO 문제는 어쩌면 이런 측면을 보여 주는 것일지 모른다.

하지만 여기서 우리는 한 가지 사실을 깨달을 필요가 있다. 오랫동안 멀리서 맴돌던 UFO 현상이 이제 우리 곁에 매우 가까이 다가와 명백한 물질적 증거를 건네줬다는 점이다. 미 국방부가 UFO 전담 조사팀을 꾸리고 수백 건의 사례를 조사한다고 난리법석을 떨고 있고 무려 50년 만에 하원 UFO 청문회가 열렸으며 NASA에서도 조사위원회를 꾸리는 등 한바탕 소동이 벌어지고 있다. 하지만 이 모든 것은 이미 미지의 그 누군가가 우리에게 보여 준 명백한 증거를 애써 가리려는 얕은 수작에 불과해 보인다. 이미 우리는 2004년 니미츠 핵 항모 UFO 사건에서 매우 확실한 증거들을 확보했다. UFO는 우주에서 BMD 레이더에 포착됐고 대기 중에서 움직이는 모습이 SPY1 레이더

---

27 Shermer, Michael. 2002. Shermer's Last Law: Any sufficiently advanced extraterrestrial intelligence is indistinguishable from God, Scientific American (January 1, 2002).

에 포착됐다. 그리고 심지어 해저에서의 움직임이 소나에도 포착됐다. 적외선 동영상이 찍히고 네 명의 최정예 해군 조종사들의 육안에 목격된 것은 덤이다.

UFO의 물리적 실체는 미 국방부가 쥐고 있는 이들 증거들을 공개하고 민간 전문가들이 분석하게 함으로써 입증할 수 있다. 왜 이런 일을 하지 않으려 하는가? 여태껏 UFO 소동이 지속됐지만 지금처럼 우리가 이처럼 중요한 UFO의 물질적 증거를 확보한 적이 없었다. 뒤집어 이야기하면, 미지의 그들이 우리에게 이제는 뭔가 그들의 물리적 실체를 밝히려 하고 있다는 징후가 보이는 것이라고 할 수 있다. 그런 징후는 그들의 발현 양상에서도 엿보인다. 지금까지 UFO는 목격자들의 시야에서 고작해야 수분 정도 나타났다. 그리고 재현성이 거의 없었다. 하지만 이제 그들은 매우 공공연히 자주 그리고 오랫동안 그 모습을 나타내고 있다.

미 국방부가 해군 조종사가 찍었다고 인정한 UFO 동영상 셋 중에서 둘이 핵 함모 시어도어 루스벨트호 선상에서 찍혔다. 이것을 찍은 편대의 대대장이었던 라이언 그레이브즈Ryan Graves는 NBC TV 〈60분 Sixty Minutes〉에 출연해 자신과 편대원들이 UFO를 2년 동안 거의 매일같이 목격했다고 증언했다. "그것이 적의 정탐 무기 체계일 수도 있지 않겠느냐?"라는 앵커의 질문에는 "그것이 뭔가 다르고 그래서 좀 심기가 불편했어도 그냥 무시하고 지냈다"라고 말했다. 이런 내용을 한때 세계 최정예 부대의 편대장이었던 그가 함부로 말하기 어려웠을 것이다. 하지만 그는 자신의 심정을 가식 없이 밝혔다.

나는 미국이 UFO 추락 잔해와 UFO에 탄 외계인을 수거했고 그것을 바탕으로 리버스 엔지니어링을 해서 오늘날 첨단 무기 체계를 만들고 있다는 식의 주장을 하는 이들은 대체로 사기꾼이나 망상에 빠진 사람들이라고 본다. 왜냐하면 실제로 UFO를 목격하거나 그 문제를 심각하게 조사, 분석한 이들이 느끼는 바는 이런 것과는 전혀 동떨어져 있기 때문이다. UFO는 존재한다. 우리의 과학 기술 수준을 완전히 넘어선 고도의 문명과 관련된 그런 존재들이 UFO와 관련돼 있다고 생각한다. 그리고 이제 그들이 우리에게 뭔가 대화를 하려고 하는 것처럼 보인다. 나는 그렇게 느낀다.

참고 문헌

Associated Press. 1952a. Flying Objects Near Washington Spotted by Both Pilots and Radar; Air Force Reveals Reports of Something, Perhaps 'Saucers,' Traveling Slowly But Jumping Up and Down, The New York Times, 21 July, 1952.(https://timesmachine.nytimes.com/timesmachine/1952/07/22/84335838.html?pageNumber=27)

Associated Press. 1952b. 'Objects' Outrun Jets over Capital: Spotted Second Time in Week by Radar, but Interceptors Fail to Make Contact, The New York Times, 28 July, 1952.(https://www.nytimes.com/1952/07/28/archives/objects-outstrip-jets-over-capital-spotted-second-time-in-week-by.html)

Barlow, Rich. 2023. Is the Government Concealing UFO Craft and Dead Extraterrestrials?: BU's Joshua Semeter on a former Pentagon employee's eye-popping claims. BU Today(June 22, 2023).(https://www.bu.edu/articles/2023/ex-intelligence-official-us-government-ufo/)

Bartholomew, R. E., Basterfield, K., & Howard, G. S. 1991. UFO abductees and contactees: Psychopathology or fantasy proneness? Professional Psychology: Research and Practice, Vol.22, No.3, pp. 215~222.(https://doi.org/10.1037/0735-7028.22.3.215)

Bequette, Bill. 1947. Project 1947: UFO Reports-1947, Pendleton, Oregon East Oregonian(June 26, 1947).: Boise Flyer Maintains He Saw 'Em Kenneth Arnold, Kenneth Arnold Sticks To Story of Seeing Nine Mysterious Objects Flying At Speed Of 1200 Miles An Hour Over Mountains.(https://www.project1947.com/fig/1947b.htm)

Bleiberg, Larry. Take a road trip and go UFO hunting at these 10 sites, USA Today(March 3, 2020| Updated: March 5, 2020).(https://www.usatoday.com/story/travel/destinations/10greatplaces/2020/03/03/10-places-go-ufo-sighting-including-roswell-and-skinwalker-ranch/4857953002/)

Blumenthal, Ralph. 2017. On the Trail of Secret Pentagon UFO Program, The New York Times(December 18, 2017).(https://www.nytimes.com/2017/12/18/insider/secret-pentagon-ufo-program.html)

Carey, Thomas J. & Schmitt, Donald R. 2019. UFO Secrets Inside Wright-Patterson: Eyewitness Accounts from the Real Area 51, Red Wheel Weiser.

Carlson, Peter. 2002a. 50 Years Ago, Unidentified Flying Objects From Way Beyond the Beltway Seized the Capital's Imagination. The Washington Post(July 21, 2002).(https://www.washingtonpost.com/archive/lifestyle/2002/07/21/50-years-ago-unidentified-flying-objects-from-way-beyond-the-beltway-seized-the-capitals-imagination/59f74156-51f4-4204-96df-e12be061d3f8/)

Carlson, Peter. 2002b. Something in the air: 50 years ago, UFOs streaked over D.C. The Seattle Times(July 27, 2002).(https://archive.seattletimes.com/archive/?date=20020727&slug=ufos27)

Chierici, Paco. 2015. There I Was: The X-Files Edition, SOFREP(March 14, 2015).(https://sofrep.com/fightersweep/x-files-edition/)

Conte, Michael. 2020. Pentagon officially releases UFO videos, CNN(April 27, 2020).(https://edition.cnn.com/2020/04/27/politics/pentagon-ufo-videos/index.html)

Crick, F.H.C. & Orgel, L.E. 1973. Directed panspermia, Icarus, Vol.19, Issue 3, pp. 341~346.

Daugherty, Greg. 2019. When Top Gun Pilots Tangled with a Baffling Tic-Tac-Shaped UFO: Fighter pilots and radar operators from the USS Nimitz describe their terrifying—and still inexplicable—2004 encounter. History(Updated: October 2, 2023 | Original: May 16, 2019).(https://www.history.com/news/uss-nimitz-2004-tic-tac-ufo-encounter)

Daugherty, Greg & Sullivan, Missy. 2019. These 5 UFO Traits, Captured on Video by Navy Fighters, Defy Explanation Called the '5 observables' by a former Pentagon investigator, they include hypersonic speed, erratic movement and the ability to fly without wings. History(Updated: June 5, 2019 | Original: May 20, 2019).(https://www.history.com/news/ufo-sightings-speed-appearance-movement)

Davidson, Keay. 1999. Carl Sagan: A Life, Wiley.

DeGering, Randall et al. 2018. "Radar Contact!": The Beginnings of Army Air Forces Radar and Fighter Control, Air University Press.(https://www.jstor.org/stable/pdf/resrep19549.8.pdf)

Deighton, Ben. 2014. Alien signal likely discovered within our lifetimes - Dr Seth Shostak: The planned Square Kilometre Array telescope, a radio telescope to span two continents, could be instrumental in finding intelligent alien civilisations within our lifetimes, according to Dr Seth Shostak, senior astronomer at the US-based Search for Extra Terrestrial Intelligence(SETI) Institute. Dr Shostak was a speaker at the EU's Innovation Convention in March 2014. Horizon: The EU Research & Innovation Magazine(July 16, 2014).(https://ec.europa.eu/research-and-innovation/en/horizon-magazine/alien-signal-likely-discovered-within-our-lifetimes-dr-seth-shostak)

Dobrijevic, Daisy. 2021. 'Galileo Project' will search for evidence of extraterrestrial life from the technology it leaves behind, Space.com. (Last updated July 27, 2021).(https://www.space.com/galileo-project-search-for-extraterrestrial-artifacts-announcement)

Dorsch, Kate. 2019. Reliable Witnesses, Crackpot Science: Ufo Investigations in Cold War America, 1947-1977, Publicly Accessible Penn Dissertations. 3231.(https://repository.upenn.edu/edissertations/3231)

Dowling, Stephen. 2016. The WW2 flying wing decades ahead of its time. BBC(February 3, 2016).(https://www.bbc.com/future/article/20160201-the-wwii-flying-wing-decades-ahead-of-its-time)

Ellwood, Robert S. & Patin, Hary B. 1988. Religious and Spiritual Groups in Modern America, Prentice Hall.

Fernandes, Joaquim. 1983. The "Apparitions of the Virgin" at Fatima Considered in Relation to the UFO Phenomenon, Flying Saucer Review, Vol.28, No.6, pp. 9~12.

Fitch, E. P. 1947. Memorandum.(https://www.keepandshare.com/doc13/21223/462-fitch-to-ladd-july-10-1947-pdf-317k?dn=y&dnad=y)

Franch, John. 2013. The Secret Life of J. Allen Hynek, Skeptical Inquirer, Vol.37, No.1.(https://skepticalinquirer.org/2013/01/the-secret-life-of-j-allen-hynek/)

Gains, Mosheh & Helsel, Phil. 2019. Navy confirms videos did capture UFO sightings, but it calls them by another name: The U.S. Navy doesn't know exactly what the "unidentified aerial phenomena" seen in the videos are. NBC News(September 19, 2019).(https://www.nbcnews.com/news/us-news/navy-confirms-videos-did-capture-ufo-sightings-it-calls-them-n1056201)

Garwin, Richard L. 1999. Technical Aspects of Ballistic Missile Defense, APS Forum on Physics and Society, Vol. 28, No. 3.(Presented at Arms Control and National Security Session, APS, Atlanta, March 1999).(https://rlg.fas.org/garwin-aps.htm#:~:text=A%20typical%20intercontinental%20ballistic%20missile,of%20around%207%20km%2Fs)

Gertz, John. 2017. Nodes: A Proposed Solution to Fermi's Paradox, JBIS, Vol.70, 454-457.(https://arxiv.org/ftp/arxiv/papers/1802/1802.04934.pdf)

Gertz, John. 2020. Strategies for the Detection of ET Probes Within Our Own Solar System, JBIS, Vol.73, pp. 427~437.(https://www.researchgate.net/publication/346373043_Strategies_for_the_Detection_of_ET_Probes_Within_Our_Own_Solar_System)

Gertz, John. 2021. Maybe the Aliens Really Are Here: But if so, it's probably in the form of robotic probes—something both UFO enthusiasts and SETI scientists should be able to agree on. Scientific America(June 21, 2021).(https://www.scientificamerican.com/article/

maybe-the-aliens-really-are-here/)

Goldberg, Robert Alan. 2008. Enemies Within: The Culture of Conspiracy in Modern America, Yale University Press.

Good, Timothy. 1988. Above Top Secret, N.Y.: Quill William Morrow.

Harris, Ruth. 1999. Lourdes: Body and Spirit in the Secular Age, Penguin Books.

Hastings, Robert L. 2015. UFOs and nukes Extraordinary encounters at nuclear weapons sites. Germany: Kopp.(https://inis.iaea.org/search/search.aspx?orig_q=RN:46130842)

Houran, James & Randle, Kevin D. 2002. "A Message in a Bottle:" Confounds in Deciphering the Ramey Memo from the Roswell UFO Case, Journal of Scientific Exploration, Vol. 16, No. 1, pp. 45~66. (https://www.researchgate.net/publication/228706129_A_Message_in_a_Bottle_Confounds_in_Deciphering_the_Ramey_Memo_from_the_Roswell_UFO_Case/figures?lo=1)

Hoyt, Charles Alva. 1989. Witchcraft, Southern Illinois University Press.

Huyghe, Patrick. 1979. U.F.O. Files: The Untold Story, The New York Times(October 14, 1979).(https://www.nytimes.com/1979/10/14/archives/ufo-files-the-untold-story.html)

Hynek, J. Allen. 1972. The UFO Experience, Chicago: Henry Regnery Company.

Jacobs, David M. 1975. The UFO Controversy in America, Indiana University Press.

Jacobson, Mark. 2013. Harry Truman Ordered This Alien Cover-up. New York Magazine(November, 25, 2013).(https://nymag.com/news/features/conspiracy-theories/harry-truman-aliens/)

Janos, Adam. 2019. Why Have There Been So Many UFO Sightings Near Nuclear Facilities?: It started in the 1940s, near A-bomb development sites. More recently, something has been stalking nuclear carrier strike groups. Updated: June 23, 2019 | Original: June 21, 2019(https://www.history.com/news/ufos-near-nuclear-facilities-uss-roosevelt-rendlesham)

Jung, C. G. 1973. Mandala Symbolism, Princeton University Press.

Jung, C. G. 1987. Flying Saucers: A Modern Myth of Things Seen in the Skies, London: Ark Paperbacks.

Kelleher, Colm A. 2022. The Pentagon's Secret UFO Program, the Hitchhiker Effect, and Models of Contagion, Edagescience, No.50, June 2022, pp. 19~24.(https://www.theblackvault.com/casefiles/wp-content/uploads/2022/06/colmkelleher-edgescience.pdf)

Kelleher, Colm A. & Knapp, George. 2005. Hunt for the Skinwalker: Science Confronts the Unexplained at a Remote Ranch in Utah, Simon and Schuster.

Kelly, John. 2012. The Month that E. T. Came to D.C. The Washington Post, July 20, 2012.

Keyhoe, Donald. 1950. The Flying Saucers Are Real, Gold Medal Book.

Keyhoe, Donald. 1953. Flying Saucers from Outer Space, N.Y.: Henry Holt and Company.(http://www.nicap.org/books/fsos/chV.htm)

Kim, Tong-hyung. 2014. Aliens are definitely out there, top astronomers tell congress, The Korean Times, May 23, 2014.(https://www.koreatimes.co.kr/www/nation/2021/08/501_157773.html)

Kindy, Dave. 2022. 75 years ago, Roswell 'flying saucer' report sparked UFO obsession. The Washington Post(July 8, 2022).(https://www.washingtonpost.com/history/2022/07/08/roswell-flying-saucer-ufo/)

Knuth, Kevin H. & Powell, Robert M. and Reali, Peter A. 2019. Estimating Flight Characteristics of Anomalous Unidentified Aerial Vehicles. Entropy(Basel). Vol. 21, No.10, 939. ref. 29.(https://www.ncbi.nlm.nih.gov/pmc/articles/PMC7514271/)

Lacatski, James T. & Kelleher, Colm A. & Knapp, George. 2021. Skinwalkers at the Pentagon: An Insiders' Account of the Secret Government UFO Program.(https://pearl-hifi.com/11_Spirited_Growth/01_Books/Skinwalkers_at_the_Pentagon.pdf)

Lacitis, Erik. 2017. 'Flying saucers' became a thing 70 years ago Saturday with sighting near Mount Rainier, The Seattle Times(June 24, 2017).; Lee, Russell. 2022. 1947: Year of the Flying Saucer. National Air and Space Museum(June 24, 2022).

Lagerfeld, Nathalie. 2016. How an Alien Autopsy Hoax Captured the World's Imagination for a Decade. Time Magazine(June 24, 2016).(https://time.com/4376871/alien-autopsy-hoax-history/)

Lee, Russell. 2022. 1947: Year of the Flying Saucer. National Air and Space Museum(June 24, 2022).(https://airandspace.si.edu/stories/editorial/1947-year-flying-saucer)

Lewis-Kraus, Gideon. 2021. How the Pentagon Started Taking U.F.O.s Seriously: For decades, flying saucers were a punch line. Then the U.S. government got over the taboo. The New Yorker(April 30, 2021).(https://www.newyorker.com/magazine/2021/05/10/how-the-pentagon-started-taking-ufos-seriously)

Loeb, Abraham. 2018. How to Search for Dead Cosmic Civilizations: If they're short-lived, we might be able to detect the relics and artifacts they left behind. Scietific American(September 27, 2018).(https://blogs.scientificamerican.com/observations/how-to-search-for-deadcosmic-civilizations/)

Loeb, Abraham. 2020. Can the Universe Provide Us with the Meaning of Life?: Astronomy and space exploration might offer a new perspective on our purpose in the cosmos, Scientific American(January 21, 2020).(https://blogs.scientificamerican.com/observations/can-the-universe-provide-us-with-the-meaning-of-life/)

Loeb, Avi. 2021. A Possible Link between 'Oumuamua and Unidentified Aerial Phenomena - If some UAP turn out to be extraterrestrial technology, they could be dropping sensors for a subsequent craft to tune into. What if 'Oumuamua is such a craft?". Scientific American(June 22, 2021).

Lundberg, Magnus. 2017. A Pope of Their Own: Palmar de Troya and the Palmarian Church. Uppsala Studies in Church History 1. Uppsala: Uppsala University Department of Theology.

Lynch, Justin Roger. 2019. The Chain Home Early Warning Radar System: A Case Study in Defense Innovation, National Defense University Press News(November. 18, 2019).(https://ndupress.ndu.edu/Media/News/News-Article-View/Article/2019417/the-chain-home-early-warning-radar-system-a-case-study-in-defense-innovation/)

Masters. Michael P. 2022. The Extratemperstral Model, Full Circle Press.

McAndrew, James. 1997. The Roswell Report: Case Closed. Headquaters United States Air Force.(https://media.defense.gov/2010/Oct/27/2001330219/-1/-1/0/AFD-101027-030.pdf)

Mellon, Christopher. 2018. The military keeps encountering UFOs. Why doesn't the Pentagon care?: We have no idea what's behind these weird incidents because we're not investigating. Washinton Post, March 9, 2018(https://www.washingtonpost.com/outlook/the-military-keeps-encountering-ufos-why-doesnt-the-pentagon-care/2018/03/09/242c125c-22ee-11e8-94da-ebf9d112159c_story.html)

Menzel, Donald H. 1952. The Truth about Flying Saucers, Look(June 17, 1952), pp. 35~39.

Mizokami, Kyle. 2019. What We Know About the Navy's UFOs: They're unlike any aircraft we've ever seen. Popular Mechanics(September 17, 2019).(https://www.popularmechanics.com/military/a29091438/ufo-video-facts/)

Monroe, Rachel. 2023. The Enduring Panic About Cow Mutilations: Aliens, the government, or unspecified shadowy forces—another round of "mutes" incites familiar fears. The New Yorker(May 8, 2023).(https://www.newyorker.com/news/letter-from-the-southwest/the-enduring-panic-about-cow-mutilations)

Mosher, Dave. 2018. The US military released a study on warp drives and faster-than-light travel. Here's what a theoretical physicist thinks of it. Business Insider(May 24, 2018).(https://www.businessinsider.com/warp-drive-study-department-defense-real-fake-2018-5)

Murray, Magaret A. 1970. The God of the Witches, N.Y.: Oxford University Press.

Nickell, Joe. 2006. The Story Behind the 'Alien Autopsy' Hoax: The reputed creator of a fake ET corpse has publicly confessed. LiveScience(May 07, 2006).(https://www.livescience.com/742-story-alien-autopsy-hoax.html)

Nolan, Daniel A. Jr. 1953. Flying Saucers. By Donald H. Menzel, Military Review, Vol. 33, No.4, p.111.

Orlic, Christian. 2013. The Origins of Directed Panspermia, Guest Blog, Scientific American(January 9, 2013).(https://blogs.scientificamerican.com/guest-blog/the-origins-of-directed-panspermia/)

Otto, Rudolf. 1987. Das Heilige: Über das Irrationale in der Idee des Göttlichen und sein Verhältnis zum Rationalen, München: Verlag C.H. Beck.

Phelan, Matthew. 2019. Navy Pilot Who Filmed the 'Tic Tac' UFO Speaks: 'It Wasn't Behaving by the Normal Laws of Physics', Intelligencer(December 19, 2019).(https://nymag.com/intelligencer/2019/12/tic-tac-ufo-video-q-and-a-with-navy-pilot-chad-underwood.html)

Powell, R. & Reali, P. & Thompson, T. & Beall, M. & Kimzey, D. & Cates, L and Hoffman, R. 2019. A Forensic Analysis of Navy Carrier Strike Group Eleven's Encounter with an Anomalous Aerial Vehicle. (https://www.explorescu.org/post/nimitz_strike_group_2004)

Randle, Kevin D. 2014. The Government UFO Files: The Conspiracy of Cover-Up, Visible Ink Press.

Redfern, Nick. 2014. A Covert Agenda: The British Government's UFO Top Secrets Exposed, Cosimo, Inc.

Ruhl, Christian. 2019. Why There Are No Nuclear Airplanes: Strategists considered sacrificing older pilots to patrol the skies in flying reactors. An Object Lesson. The Atlantic(January 20, 2019). (https://www.theatlantic.com/technology/archive/2019/01/elderly-pilots-who-could-have-flown-nuclear-airplanes/580780/)

Ruppelt, E. J. 1956. The Report on Unidentified Flying Objects, Garden City, New York: Doubleday & Company Inc.

Sampson, Paul. 1952. "Saucer" outran jet, pilot reveals: Investigation on in secret after chase over capital Radar spot blips like aircraft for nearly six hours - only 1.700 feet up, The Washington Post, 28 July,

1952.(http://greyfalcon.us/July%2028.htm)

Sanford, John A. 1989. Dreams: God's Forgotten Language, Harpner & Row Publisher Inc.

Shermer, Michael. 2002. Shermer's Last Law: Any sufficiently advanced extraterrestrial intelligence is indistinguishable from God, Scientific American(January 1, 2002).

Shostak, Seth. 2020. Navy UFO Videos Now Official, SETI Institute(April 29, 2020).(https://www.seti.org/navy-ufo-videos-now-official)

Smith, Jeff. 2013. Thinking Flashes in the Sky(Part 1): Newfangled aircraft or UFOs?(https://www.sandiegoreader.com/news/2013/sep/11/unforgettable-thinking-flashes-sky-part-1/)

SpaceRef Editor. 2021. The UAP Story: The SETI Institute Weighs In, SpaceRed(June 25, 2021).(https://spaceref.com/press-release/the-uap-story-the-seti-institute-weighs-in/)

Sparks, Brad. 2016. Comprehensive Catalog of 1,700 Project Blue Book UFO Unknowns: Database Catalog(Not a Best Evidence List)- NEW: List of Projects & Blue Book Chiefs. Work in Progress(Version 1.27, Dec. 20, 2016).(http://www.cisu.org/wp-content/uploads/2017/01/Sparks-CATALOG-BB-Unknowns-1.27-Dec-20-2016.pdf)

Stevens, Austin. 1952. Air Force Debunks 'Saucers' As Just 'Natural Phenomena', The New York times, 29 July, 1952.

Strauss, Mark. 2015. Space Archaeologists Search For Dead Alien Civilizations: Extraterrestrial life might exist, but there's no guarantee that it hasn't destroyed itself. Here's how to detect an apocalypse on another world, National Geographic(October 21, 2015).(https://www.nationalgeographic.com/adventure/article/151020-alien-archaeology-civilization-seti)

Sullivan, Michael. 2023. Run Silent: The Birth of a Nuclear Navy. Military.com.(https://www.military.com/history/run-silent-the-birth-of-a-nuclear-navy.html)

Swords, Michael D. 2000. Project Sign and the Estimate of the Situation, Journal of UFO Studies, New Series, Vol. 7, pp. 27~64.(https://digitalseance.files.wordpress.com/2011/12/swords-projectsignandtheeots.pdf)

Sword, Michael D. et al. 2012. UFOs and Government: A Historical Inquiry, Anomalist Books.

Thomas, Kenn. 2011. JFK & UFO: Military-Industrial Conspiracy and Cover-Up from Maury Island to Dallas, Feral House.

Vallee, Jacques. 1988. Dimensions, Contemporary Books.

von Rennenkampff, Marik. 2022a. UFO sleuths make extraordinary discoveries: Congress should take note, The Hill(May 15, 2022). (https://thehill.com/opinion/3488406-ufo-sleuths-make-extraordinary-discoveries-congress-should-take-note/)

von Rennenkampff, Marik. 2022b. Congress implies UFOs have non-human origins, The Hill(August 22, 2022).(https://thehill.com/opinion/3610916-congress-implies-ufos-have-non-human-origins/)

Weaver, Richard L., McAndrew, James & Department of the Air Force Washington DC. 1995. The Roswell Report: Fact versus Fiction in the New Mexico Desert, Defense Technical Information Center(1995. 01. 01).(https://www.afhra.af.mil/Portals/16/documents/AFD-101201-038.pdf)

Whitaker, Bill. 2021. UFOs regularly spotted in restricted U.S. airspace, report on the phenomena due next month, 60 Minutes, CBS News.(May 16, 2021).(https://www.cbsnews.com/news/ufo-military-intelligence-60-minutes-2021-05-16/)

Wilson, Jim. 1977. Roswell Plus 50: Fifty years ago, something crashed in the deseart. New evidence points to two equally startling conclusions. Popular Mechanics(July 1997). pp. 48~53.

Wilson, Jim. 2000. America's Nuclear Flying Saucer, Popular Mechanics(November. 2000). pp. 66~69.

Yenne, Bill. 2014. Area 51 black jets: a history of the aircraft developed at Groom Lake, America's secret aviation base, Smithsonian Libraries and Archives.(https://www.si.edu/object/siris_sil_1021600)

강재윤, "UFO를 움직이는 동력원은 무엇일까?", 서울 경제(2009. 10. 19.)(https://m.sedaily.com/NewsView/W9HN2Q9UD/#cb)

김동광, 1997. UFO 신드롬에 편승한 출판상업주의, <출판저널> 제211호, p. 10.(https://koreascience.kr/article/JAKO199744948103075.pdf)

김병철, "「가평 UFO」 ENG 카메라로도 찍었다 / 지난달 3일, 4분여 촬영", 서울신문(1995. 10. 17.)(https://www.seoul.co.kr/news/newsView.php?id=19951017022007)

김진성, "미확인 비행 물체 UFO 편대 비행?", KBS 뉴스 9(1995. 10. 16.)(https://news.kbs.co.kr/news/pc/view/view.do?ncd=3755834)

김혁면, "경기도 가평군 화악산 중턱 위 UFO가 방송용 카메라에 잡혀", MBC 뉴스(1995. 10. 16.)(https://imnews.imbc.com/replay/1995/nwdesk/article/1961681_30705.html)

김효정, '당혹사' 밥 라자르, "51구역에서 외계인과 UFO 보았다" 폭로… 그의 주장은 진실?, SBS 연예 뉴스(2021. 05. 05.)(https://ent.sbs.co.kr/news/article.do?article_id=E10010228669)

마르세아 엘리아데, 이은봉 역.《종교 형태론》, 형설출판사, 1985

맹성렬, 2000. 한국의 UFO 목격자들: 현역 공군 중령에서 김병현 CF 촬영팀까지", <신동아> 11월호.(https://shindonga.donga.com/science/3/22/13/100794/3)

맹성렬,《UFO 신드롬》, 지식의 숲, 2011

미 국가 정보국, 국방부, 중앙정보국, UAP, 투나미스, 2023.

요셉 펠레티에, 파티마의 춤추는 태양, 〈가톨릭 다이제스트〉 5월호, 1989, pp. 23~27.

유영규, "144건 중 143건 미상…UFO 궁금증만 더 키운 美 보고서", SBS 뉴스(2021. 06. 28.)(https://news.sbs.co.kr/news/endPage.do?news_id=N1006370865)

이기문, "경기도 가평에서 UFO 나타나", KBS 뉴스9(1995. 09. 06.)(https://news.kbs.co.kr/news/pc/view/view.do?ncd=3754544)

이인우, "UFO, 환상인가 진실인가", 한겨레21(1997. 07. 10.)(https://h21.hani.co.kr/hankr21/K_977A0165/977A0165_067.html)

정용인, "로즈웰 UFO 추락설 진실은 밝혀질까", 주간경향(2011. 04. 26.)(http://m.weekly.khan.co.kr/view.html?med_id=weekly&artid=2011104211018481&code=115#c2b)